小程序重新定义移动互联网

曾兴炉 吴国平 ●编著

浙江工商大学出版社
ZHEJIANG GONGSHANG UNIVERSITY PRESS | 杭州

图书在版编目(CIP)数据

小程序 大未来:小程序重新定义移动互联网 / 曾兴炉,吴国平
编著. —杭州:浙江工商大学出版社,2020.8(2021.5重印)
ISBN 978-7-5178-3963-7

Ⅰ. ①小… Ⅱ. ①曾… ②吴… Ⅲ. ①移动终端—应用程
序—程序设计 Ⅳ. ①TN929.53

中国版本图书馆 CIP 数据核字(2020)第124153号

小程序　大未来
——小程序重新定义移动互联网

XIAO CHENGXU　DA WEILAI
——XIAO CHENGXU CHONGXIN DINGYI YIDONG HULIANWANG

曾兴炉　吴国平 编著

责任编辑	姚　媛	
责任校对	穆静雯	
封面设计	叶泽雯	
责任印制	包建辉	
出版发行	浙江工商大学出版社	
	(杭州市教工路198号　邮政编码310012)	
	(E-mail:zjgsupress@163.com)	
	(网址:http://www.zjgsupress.com)	
	电话:0571-88904980,88831806(传真)	
排　版	杭州朝曦图文设计有限公司	
印　刷	杭州高腾印务有限公司	
开　本	710 mm×1000 mm　1/16	
印　张	20	
字　数	296千	
版 印 次	2020年8月第1版　2021年5月第2次印刷	
书　号	ISBN 978-7-5178-3963-7	
定　价	68.00元	

从2007年踏出大学校门起,我就立志创业。十几年间,我连续创业,涉猎多个行业,最终深耕于互联网这片红海。多年的创业经历让我懂得,做好一件事的前提是深入研究。瞬息万变的商业社会预留给创业者的准备时间越来越少,所以懂得总结与分析显得弥足珍贵。在这种社会环境下,给予小程序创业者或者小程序从业者更多的参考,是本书的目的,也是我参与编写这本书的初衷。

经过30多年发展,中国逐步从网络大国走向网络强国,很多领域都处于世界领先地位。互联网的发展历程,实际上就是互联网、大数据、人工智能与实体经济融合发展的过程。

近年来,随着移动互联网的发展,移动互联网完成了生活服务业数据化,越来越多的移动应用为我们的工作和生活提供了便利。在5G时代来临之际,移动互联网也面临着巨大的变革,"更高、更快、更便捷"成为这个时代互联网发展的主题。

小程序正是"更快"的最好体现。传统的超级App庞大的功能集群让用户的使用路径加深,体验感下降。小程序的出现则让应用更为聚焦。小程序已经深入我们工作和生活的方方面面,正在改变移动互联网的发展方向。

本书从小程序的发展背景切入,系统剖析了小程序的应用前景和价值,讲解了产品逻辑、运营方法，以及各个行业的应用等，基本涵盖了小程序的各个领域。

　　本书的面世可以为众多互联网从业人员提供相关领域的参考和借鉴，对于小程序创业者和从业者而言，很多实战方法和技巧可以成为其学习工具；对于普通人而言，这是一本小程序领域的入门级读物，可以拓宽大家的视野。

　　企业家有着双重使命——赚取物质财富和传承精神财富。我也在努力践行这个双重使命，相信将来会有越来越多的企业家传播更多的知识，传承更多的精神财富，促进社会的发展。

　　与诸君共勉！

吴国平

2020 年 8 月

CONTENTS

目录

第七章　运营 / 255
CHAPTER 7
OPERATIONS

第八章　部署 / 303
CHAPTER 8
DEPLOYMENT

01

第一章　革新

CHAPTER 1　INNOVATION

01

微信的成长历程

移动互联网已经进入超级App(application 的缩写,指应用程序)时代,互联网巨头都在经营多年的超级App上做产品和生态的衍生,以社交为核心的微信衍生出支付、游戏、媒体、小程序等,以支付为核心的支付宝衍生出理财、出行、外卖、城市服务等,以信息和知识为核心的百度衍生出金融、广告、商务往来等,以拼团惠民为核心的美团衍生出出行、票务服务、支付等,每一个衍生产品都寄宿或者嫁接在超级App这个母体上,利用母体的流量养分成长。

互联网自始至终都是一场"跑马圈地"的运动,回顾中国几十年的互联网发展史,"先跑马、再耕种"是所有互联网企业的共性。但是现在,地已经圈完,移动互联网时代进入了"精耕细作"的时代。

我们有必要花一点篇幅来梳理一下微信的发展历程,剖析微信的基因。从基因里面我们可以窥视到小程序最先诞生于微信,而且未来很可能会成为微信乃至整个移动互联网时代变革的一把利刃。

◎微信——连接一切

回顾微信更新迭代的几十个版本,自始至终贯穿"连接"这个基因,甚至从连接本身的价值取向来看,"微信之父"张小龙对小程序"用完即走"的产品设定非常符合微信本身的产品逻辑。

我们假设每个人都是一座孤岛,代表一个独立的个体,微信的目标则是把每个孤岛相互连接,其作为高效的传送带,相互输送"应"和"答"。具体可总结为3种方式:

①把更多尚未连接的孤岛连接进来;

②加强已经被连接的孤岛之间的联系,达到价值最大化;

③减少无效连接,减少无效信息带来的相互干扰。

从以上3种方式来看,微信最大的基因在于连接、织网,让更多的人、事、物产生关系,从而让关系产生价值链。

◎微信——发展的3个阶段

任何一个人或者事物都不能违背自然规律,都有出生和消亡的过程。微信也一样,从互联网产品生命周期的角度来讲,已经8岁的微信基本相当于人的中年阶段,人到中年,承上启下,肩负的责任和使命与任何一个阶段都不一样。中年是一个人或者一个互联网产品生命力最旺盛、产品价值最大化的时候。

简单回顾微信发展的3个阶段,虽然它和其他互联网产品的发展轨迹是相似的,但是腾讯的社交基因让微信在发展的任何一个阶段都保持领先地位。

"通信—社交—平台",是微信发展的3个阶段。在这3个阶段中,微信要完成的使命是非常清晰的,这也使微信的发展史成为很多社交类App运营的范本。

1. 通信

(1)由来

2010年,随着智能手机开始普及,中国进入了移动互联网概念的元年,PC互联网的巨头纷纷开始思考移动互联网到来之前如何应对变革,并进行了不同的探索,手机App成为巨头布局的桥头堡。2010—2015年,很多互联网公司通过手机App实现了"弯道超车"。

2010年,一款叫KIK的韩国App风靡韩国,张小龙以内部邮件的方式提醒马化腾,可以深入研究,适时跟进。马化腾听从了张小龙的意见,于是微信应运而生。可以说,腾讯在产品的市场敏感度和跟进速度方面是走在前列的。

2019年,在央视《对话》栏目中,马化腾回顾当年为什么开发微信的时候表示:"当时腾讯已经拥有以社交为核心的QQ,我们开发微信和自己的QQ竞争,进行自我颠覆。我们想的是与其别人颠覆我们,不如我们自己颠覆自己。这次的快速转型,挽救了我们后续的发展!"从目前来看,马化腾当年的高瞻远瞩确实意义非凡。

（2）定位

微信从立项之日起,便确定了根植于移动互联网的定位,这在2010年的互联网大环境下是非常具有前瞻性的,毕竟几亿QQ用户依然活跃在PC(Personal Computer,个人计算机)端,亿万淘宝订单依然产生在PC端。PC互联时代仍然是主宰。

另外一个定位就是即时通信,即使微信走过8个年头,成长为一个社交"巨无霸",即时通信也依然是它的核心产品功能。

（3）目标

拉新,积累用户,连接更多的"孤岛"。腾讯从来不为拉新和积累客户发愁,微信无非是把PC用户安全有效地转移到移动端,这场迁徙运动虽然过程有条不紊,但也不乏惊心动魄。几亿用户像候鸟过冬一样,从PC端迁徙到移动端。这个过程中的任何一个环节都不能出错,任何闪失都有可能造成用户流失。

（4）过程

微信拓展用户的方式后来成为很多App借鉴的法宝。从微信拉新的动作来看,其逻辑是非常清晰的,步骤也是有条不紊的。这个过程被称为微信运营的"三部曲"。

第一,充分挖掘内部资源——直接输血拉新。

微信以推荐好友的方式,利用手机通讯录、腾讯微博、企业邮箱、QQ好友、

QQ邮箱联系人这5种已存在的关系链给微信输血,以代收消息的方式,进行第一步的拉新和沉淀。管道的疏通是微信拉新的第一步。

但是让人意外的是,内部输血前期其实并没有给微信带来多少的用户数增长。一位微信管理团队人员事后回忆这个过程时说:"从2011年2月份到4月份,用户的增长速度并不快,所有平台加起来每天也就增长几千人。此时,先于微信1个月推出的米聊已进入用户数快速增长的阶段,媒体的关注度也高于微信。找朋友这个tab可以看出当时微信的急迫,在这里,系统通过多种关系链给用户推荐好友,以期在很短的时间内能够积聚到用户,但用户数据依然不见起色。"

微信想直接从PC端进行用户迁徙的想法并不成功,其主要原因有两点:第一是用户的思维还停留在PC互联时代,第二是微信起初并没有把差异化体验做出来。

第二,重塑强关系——升级优化产品。

语音版本的出现是微信拉新的一个里程碑。在此之前,其他社交类App也已经推出语音版本,但是当时还处于2G时代,微信团队判定用户对流量会比较敏感,所以谁用的流量少,谁就能争取到用户。微信在流量消耗方面做到了竞品的1/3。这个动作让微信第一次实现了用户的直线增长,迎来了第一波爆发式传播用户。

后来一位微信内部人士回忆说:"语音版使微信成为一个有一定影响力的产品,也使微信在竞争中占据了一个相对有利的位置。如果5月份这次机会没有把握住,微信项目应该撑不过10月份,很可能8月份就没戏了。"

尝到了甜头的微信,后续马上推出了小流量视频,为快速收割用户奠定了基础。

第三,重建陌生关系链——挖掘外部需求。

微信推出"查看附近的人",第一次允许用户以微信作为起点,认识(连接)更多的陌生人,这种寻求与陌生人成为朋友的交流方式在网络上越来越流行。同时,微信支持通过手机号注册,降低了用户的使用门槛。

接着,微信又推出了"摇一摇",并同时上线了"漂流瓶",这也是微信在8年的发展里最像陌陌的一次。也正是"摇一摇"的上线,正式确定了微信霸主的地位。

微信在短短的一两年时间内实现了用户的飞速增长(见图1-1),有两点值得深思:

①体验是社交产品早期的核心竞争力。

②把主动权让给用户,架构好自己的基础,不强求,不刻意输出,不设边界。

张小龙是一个苛刻的产品经理,其"用完就走"的理念一直贯穿微信直到小程序,高效无负担的连接一直是张小龙所追求的。

图1-1 2011—2019年微信月活跃用户(人)

2. 社交

一个"用完即走"的即时性让微信完成了上亿用户的积累,微信即将进入加强用户黏性的阶段,让用户花更长时间留在微信上面,成为微信发展第二阶段的主题。

分享、展示、互动,这些社交属性很强的关键词出现在微信发展的第二阶段。

（1）朋友圈的伟大发明

微信朋友圈的出现,满足了社交属性里面的所有要求,具体可归纳为"给朋友看""看朋友的""不让朋友看""想让朋友看""朋友们一起看"。这基本是中国人的社交百态了。不得不说微信对用户心理的研究非常透彻。

微信朋友圈功能经过多次的更新迭代,不断迎合用户需求,从评论、点赞,到对评论的回复,再到私密功能、半年展示到三天展示等,都在传递微信的一个信号——每个个体都值得被尊重。

降低用户使用产品的心理成本是微信一直在追求的,尊重每一个人,尊重每一个人的选择一直持续到现在。打造一款在使用时不会造成用户过重心理负担的社交 App 是张小龙团队一直恪守的底线。减少广告和商业化的动作,让微信至少在社交方面做到纯粹和自然。这也是朋友圈功能的初衷。

3. 平台

（1）背景

微信在完成连接人与人的工具属性后又面临着任何一款产品都存在的共性问题——如何提升用户体验,由良好的产品体验带来用户的二次增长,并把社交属性进行延伸,解决更多的个人问题,提供更多的便利,解决更多的社会问题。所以微信自然地过渡到第二阶段——连接人与服务。

（2）目标

以最便捷、最快的方式连接用户与用户想要的服务,减少不必要的信息干扰,突出微信服务的第二属性。

（3）过程

第一阶段:微信公众号的推出。

微信怀抱着服务用户的美好意愿,第一次向商家和自媒体打开大门。一时间传统商家看到了线上的希望和曙光,传统的媒体却感受到自媒体的威胁。虽然微信的愿望是美好的,但是微信团队低估了线下商家的贪婪,高估了自媒体的自我约束能力,广告无孔不入,从而影响到微信作为社交的工具属性。

第二阶段:微信将公众号拆分成订阅号和服务号,并将订阅号折叠起来。

持续的广告和营销伤害了长期的用户体验。虽然微信将公众号进行了改良和优化，但是这个步骤做得似乎有点晚，尝到第一波红利的商家和自媒体根本没有收敛的意思，持续的广告轰炸让公众号渐渐模糊了它原本的面目。

已经非常谨慎的张小龙团队第二次低估了商家的贪婪。

"我们的本意并不是要做成一个只是传播内容的平台，我们一直说我们是要做一个提供服务的平台，所以后面我们甚至专门拆分出一个服务号出来，但是服务号还是没有达到我们的要求，说服务号可以在里面提供服务为主，所有的服务号还是基于一个诉求，这不是我们想看到的。现在我们将开发一个新的形态，叫作应用号。"

从市场反馈的结果上来说，订阅号和服务号的策略是巨大的成功，但从产品的角度上来看，微信显然并不满意，因为在一定程度上，服务号现有的服务模式缩水了一部分用户体验。因此，这就有了2017年小程序诞生的故事。

小程序背负的是终极进化版服务号的使命，因其可以更快速、更高效、更纯粹地直达一切服务、一切场景，所以针对服务号的"顽疾"，小程序自带一股"清流之气"：

①有用即开，无须下载；

②随开随用，使用体验和运行速度接近原生App；

③用完即走，无须关注，不会被打扰。

小程序主动下线了推送和关注的功能，也从侧面说明微信希望小程序以服务为导向，最好让用户直达目标，解决完问题就走，不要建立无效的连接。

◎结尾

微信的成功，源自自身多年沉淀的社交属性，产品的精准定位和成熟的运营方式让微信成长为社交的巨无霸，以此衍生出来的服务让微信的价值越来越大。今天的微信已经成为一个包罗万象的生态链。庞大的用户人群和错综复杂的链接结构，让当下的微信必须保持克制和理性。一个成熟期的产品如同一个中年人，身上担负的不仅仅是自己，更多的是社会责任和人文精神。所以，微信希望无限，同时任重道远。

面对这么大的用户群体,微信团队的压力会随之增大,每一个小小的改动都需要非常谨慎,因为微信只要有一点改动都会引起强烈关注,在这么大的用户群体面前,微信团队有时候无法预料到每一个改动最终会带来什么。

就像张小龙在微信公开课所说的,信息在微信中传播极快,"可能一个瞬间,一个事件就可以迅速在很多群里面,迅速地呈几何级数地传播。另一方面,有一句话叫'谣言传千里',耸人听闻的内容,可能能获得更大的传播机会。这是人性使然"。

在这种环境下,微信究竟想通过小程序向用户提供一个什么样的世界呢?

小程序诞生的背景

2019年,中国智能手机的数量已经突破13亿,这个数据告诉我们,互联网世界的中心已经完全从PC端转移到移动端。

在了解小程序之前,我们有必要花一点篇幅先梳理一下小程序诞生的背景。我们把视线扩展、拉长,整个互联网的发展有其自身的规律和逻辑,其中伴随着硬件的发展、技术的更新、互联网语言的进步等。

◎硬件设备与互联网发展的关系

便携式智能设备的普及,比如智能手机、笔记本电脑、其他便携式数码产品等,改变了整个互联网发展的进程。以手机作为案例进行剖析,移动通信技术的发展基本代表了互联网变迁的轨迹。

第一代移动通信技术(1G)是指最初的模拟、仅限语音的蜂窝电话标准。其缺点是容量有限、制式太多、互不兼容、保密性差、通话质量不高、不能提供数据业务和自动漫游等。这个阶段的互联网处于第一个阶段,属于互联网1.0阶段,也被称为只读互联网阶段。

在这一阶段,互联网与传统广告业结合,通过数据化,将传统广告业转化为数字经济。雅虎、谷歌等互联网公司都诞生在这个阶段。

第二代移动通信技术(2G)以数字语音传输技术为核心。一般无法直接传送如电子邮件、软件等信息,只具有通话和一些如时间、日期等传送的手机通信技术规格。这一阶段属于互联网2.0阶段,也被称为可读写互联网阶段。

在这一阶段,内容产业完成数据化改造。这个阶段诞生了维基百科、博客等。

第三代移动通信技术(3G/4G)是在第二代移动通信技术基础上发展的以宽带CDMA技术为主,并能同时提供语音和数据业务的移动通信系统,是一代有能力彻底消除第一、二代移动通信系统主要弊端的先进的移动通信系统。其目标是提供包括语音、数据、视频等丰富内容在内的移动多媒体业务。这一阶段的互联网进入移动互联网阶段。

在这一阶段,移动互联网对几乎所有的生活服务业进行了数据化改造。基于移动端的互联网服务蓬勃发展。脸书(Facebook)、微信、支付宝、抖音等都诞生于这个阶段。

第四代移动通信技术(5G)可能标志着传统Wi-Fi与蜂窝信号连接的结束,所有设备均采用5G NR标准。这将是一个真正"永远连接"的移动设备的新时代。在这个即将到来的阶段,互联网将进入万联网阶段,人工智能与实体经济将深度融合。

硬件设备日新月异的发展催生了互联网变革,同样,互联网变革也催生着硬件设备的更新迭代(见图1-2)。它们是相辅相成的,可见快捷、高效是人类永恒的追求。

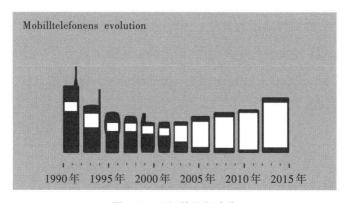

图1-2　手机的更新迭代

1. 软件的战略转移

互联网的发展,如果说硬件是躯体,那么软件就是大脑,回顾整个软件发展史,基本可以将其分为3个阶段。

第一阶段,1980年之前。这个阶段的软件提供的更多的是企业解决方案,这个阶段的软件还是作为硬件的配套存在,但是越来越多的软件公司在西方发达国家诞生。社会与科技的发展让软件越来越细分。

第二阶段,1981—2000年。客户大众市场软件、个人计算机的出现呼吁市场开发更多的个人应用软件,以适应个人计算机市场的发展要求,个人计算机的普及呼吁更多的软件进行普世化应用。

第三阶段,2001—2010年。这是个人家庭与办公软件飞速发展的阶段,更多企业将软件的开发重心转移到个人解决方案上,这个阶段的软件开发技术得到了突飞猛进的提升。

第四阶段,2011年至今。随着智能移动设备的普及,软件开始细分化,更适应时代发展的便捷式轻应用的软件受到欢迎,App的诞生预示着互联网进入了移动时代。快捷、高效是移动互联网的主旋律,小程序就是在这样的背景下诞生的。

2. 移动互联网线上困境

移动互联网发展已经经过了十几年,人与人、人与服务、人与物的连接基本已经实现了PC端到移动端的迁徙。便捷、快速、高效是移动互联网的代名词。

随着支付宝与微信支付的普及,二维码也逐渐走进了大众的视野,二维码的出现打通了线上线下的"任督二脉",也从此打开了连接线上与线下的通道。"新零售""共享经济""分享经济"这些新领域的不断发展,标志着"场景融合"成为各个行业开始发展的重心,而小程序就是在这样的背景下诞生的。

线上产品的更新速度越来越快,微信、淘宝、头条、短视频……各类超级App瓜分了用户越来越碎片化的时间,线上流量的"头部效应"越发明显,获取流量的成本也与日俱增。App作为一个闭环生态,无论是获客还是保持客户的黏性都进入瓶颈期,传统的电商及相关的线上业务开展已无法满足很多商户及用户的需求。尤其是B端商户,运营成本越来越高,转化率却日益低迷,互联网世界的竞争已经进入了下半场。

然而,线下世界信息不对称的状况,已经完全被互联网打破,不仅大部分信息都公开透明,用户获取信息的途径更是多种多样,10年前一个客户的差评可能只会让商家丢失一个顾客,而如今,一个差评可能会有成千上万的用户看到,随着生活品质的提高,用户对于服务的需求更加挑剔,导致周期性行业整体下行,资源类产品的风光不再,这就是当前线下实体经济的现状。

线上的格局已定,线下又是问题重重,唯一的出路就是找到一种新的途径,来应对快速变化的时代。小程序就是这样一个工具,它负责把线上与线下的生态连接在一起。

在这样的大环境中,小程序应运而生。

◎小程序先驱者——百度轻应用

早在2013年8月,百度在全球开发者大会上首次提出了"轻应用"这个概念,在从业人员还是一头雾水的情况下,轻应用带着希望上路了。但是这条路百度直到几年以后才真正走通。

百度开发轻应用的背景是当时互联网风头正盛,到2012年底手机网络各项指标增幅已全面超越传统PC网络,用户由PC端向移动端快速迁移,各种软件应用喷井式涌现。因此百度想要将昔日PC时代的优势地位延伸至移动互联网,为确保移动入口地位,势必需应时扩展。

百度将轻应用定义为"无须下载、即搜即用的全功能应用,既有媲美甚至超越Native App的用户体验,又具备Web App的可被检索与智能分发的特征,可以有效解决优质应用和服务与移动用户需求对接的问题"。

但事与愿违,在接下来的几年时间里,百度轻应用没能顺利发展,反而成为百度的边缘项目,逐渐消失在大众的视野中,其原因可总结为3点:技术尚未成熟;移动支付尚未普及;百度系产品工具属性强、无黏性、无社交关系链、人均使用时长短,对轻应用生态没有控制力。

之后,轻应用再也没有进入大众视野,直到2017年1月9日,坐拥8.89亿月活跃用户、1000万个公众号、人均单日使用时长达到66分钟(占国民单日时长的1/4)的微信正式推出小程序,轻应用概念才回归大众视野。

轻应用在2017年才开始火热,坐拥近10亿用户的微信发布小程序是直接原因,根本原因则是技术的发展、应用市场模式的缺陷以及用户探索应用欲望的下降。

市场急需开发者以更低的成本开发应用、分发应用,让用户更高效率地发现应用、使用应用的新载体,而微信小程序无须考虑适配性、去中心化分发、无须下载安装、即点即用的特性恰好满足了市场的需求。于是,小程序成为近年来最火的风口,无数创业者、开发者、投资机构杀入,共同造就小程序的前期生态,这就是微信小程序的产生背景。

如何定义小程序

小程序是一个广义的概念,它是移动互联过渡到万物物联时代的必然产物,每个时代都会产生适应时代的发展工具,工具的创造发明推动了时代进步,同时,时代的进步也会催生更多的工具。

中国互联网的发展离不开互联网巨头的推动,小程序也一样,不管是微信小程序、支付宝小程序、百度智能小程序,还是字节跳动小程序,虽然他们对小程序的定位不同,功能也不同,但是都有一个共同点,即更高效地连接人与商业。

"微信之父"张小龙是这样描述小程序的:"小程序是一种不需要下载、安装即可使用的应用,它实现了应用'触手可及'的梦想,用户扫一扫或者搜一下即可打开应用。也体现了'用完即走'的理念,用户不用关心是否安装太多应用的问题,应用将无处不在,随时可用,但又无须安装或卸载。"

从张小龙的话中可以提炼出小程序的关键词:无须下载,用完即走。这也是所有互联网公司小程序的共性。

互联网的本质就是让人能找到人,这其中有这么几个过程:

①连接人与人;

②连接人与服务;

③连接人与商业;

④连接人与物。

作为一个即时通信工具,微信完成了连接人与人的使命;服务号与订阅号,实现了人与服务的连接;小程序的使命,就是人与商业的连接,也就是线上与线下的连接。

作为较早提出小程序概念,并研发投入使用的微信小程序,目前一直是小程序发展的标杆,对微信小程序的剖析有助于我们更好地理解小程序。图1-3是小程序3年多以来的发展轨迹。

微信开发小程序之初的构想是想潜移默化地影响用户的操作习惯,以小程序为基础,将微信支付、卡包、公众号、扫一扫、社交分享等各方面能力结合起来,开创新型的消费模式。

人与人,人与物,线上与线下,现实与虚拟,小程序作为一个连接器,慢慢地将一切连接在一起,默默地改变着整个互联网的格局,掀起新一轮的移动互联网热潮!

小程序的价值

小程序发展到今天,经历过鼓励、赞美、冷嘲、观望等,但是这并不妨碍它在移动互联网时代背景下大步前行。

从目前来看,无论是在使用习惯还是应用场景层面,小程序已不再"小"。小程序虽然带"小"字,但是它有一个"大"未来。

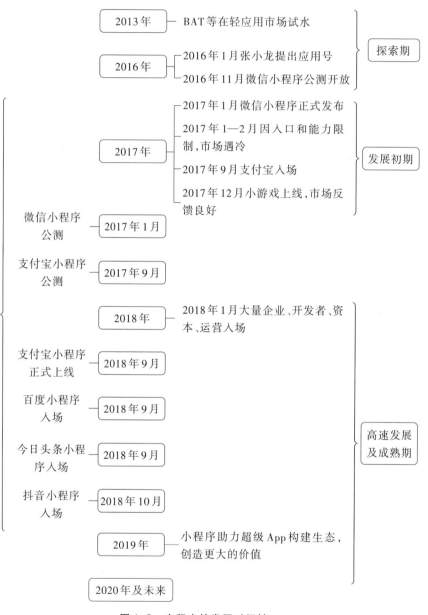

图 1-3　小程序的发展时间轴

◎ 小程序的核心价值

价值:场景转化,流量变现,内资源整合,连接一切,提升效率等。

1. 场景转化

在各种小程序场景下随意切换。

2. 流量变现

已有流量通过各类商业化的场景下产生交易。

3. 内部资源整合

能够整合支付方式,微信内开发、支付、金融、云、商业化变现等资源协同作战。

4. 连接一切

贯穿线上线下,成为人与各类型应用的连接点。

5. 提升效率

极大地提升商业效率,比如店内自助点餐等。

为 C 端用户提供便捷的使用体验,在使用已有核心功能的同时,能体验更加多样化的服务,因此带来超级 App 更多的用户增量及留存,创造更大服务及交易价值,在基于庞大用户体系的情况下逐步为 B 端搭建基础设施服务(云、小程序、支付、大数据、金融、供应链),完成完整生态链搭建。

◎ 商业价值

小程序的商业价值基于小程序建立的生态,将会创造更多的盈利和岗位机会,并以此来建立自身在大数据、云服务、金融等一系列领域的基础市场,把鱼塘挖得更宽,形成一个巨大的湖泊,里面形成完整的生态系统。

1. 小程序着眼于行业及环境的价值

(1)基于市场场景聚合高频和低频服务场景转移小程序,取代和占据至少50%的应用市场

轻应用:替代尾部App,或被称为头部App的补充应用,基于场景需求,快速连接聚合平台。

高频服务:零售、餐饮。如现在在拼多多、每日优鲜等小程序上购买东西的消费者占有很大一部分比例。

低频服务:生活服务、第三方服务。例如交电费、修水表、公交地铁卡等的需求。

张小龙认为小程序会占据80%的应用市场份额,编者觉得50%以上的份额是会有的。

未来的更多消费或者场景都会以小程序、原生App、网站三个维度来展开,作为每一个面向消费者的服务公司都绕不开的过程,由此产生的应用层的推广及流量分发带来了巨大收益价值。

(2)加速互联网服务的渗透和下沉,连接一切

增加渗透及下沉场景(以三、四、五线城市为主,以中老年等未覆盖用户为主),主要针对电商类、线下服务类、餐饮类、工具类和游戏类小程序,在使用频次上快速增加。

2. 针对平台方——超级App,微信和支付宝的价值

(1)头部企业流量入口地位,增加商业价值

让微信或支付宝成为超级App,进一步得到升华,替代长尾App,或替代低频服务的App,多层次需求的满足带来了新的大流量。

在市面上有很多应用能够满足匹配基础的人类需求,而小程序的价值就是把马斯洛需求定律的产品按基础层到最高层的需求进行聚拢,完成流量截取,创造更多的用户活跃及交易价值,以此衍生更多的生态价值。

当满足用户多样化的需求之后,自然会增加用户量,特别是公交卡、地铁卡

等平时生活中必需的却又不用下载的那部分应用,至少能够为其增加更多场景。让用户不需要重新打开其他App,一站式完全满足各类需求。

(2)建立基于超级App的生态体系

第一,为超级App建立小程序生态创造条件。

小程序会逐渐转变为类似操作系统、应用商城或App Store的存在,足够多的开发者、足够多的小程序应用,已经让小程序逐步完善上下游生态链。

只要提供足够好的框架,实际上支付宝和微信小程序内代码基本差异不大,微信为开发者提供了多个应用程序编程接口(Application Programming Interface,API),微信小程序开发较为简单,开发者可以以低门槛涉足微信小程序的开发。

第二,催生基于小程序营销、开发、运营业态的大量第三方小程序开发、营销的公司。

人们可能不会随便增加手机里的App数量,因为小程序能够满足用户的需求。这意味着这些互联网公司未来对新用户的推广、老用户的留存,将会依托微信和支付宝来实现,并且这些公司更有可能会成为内容提供方,流量入口将极大地被腾讯和阿里巴巴(以下简称"阿里")截取。

互联网已经从传统的电商转变为移动电商、在线离线/线上到线下(Online To Offline,O2O)等一系列成熟模式。由于庞大用户量带来的价值,微信和支付宝小程序变相吸引了更多服务于C端或B端的互联网公司加入,这样降低了获客成本,并逐渐加快了发展进程。

3. 对于参与者的商业价值

(1)新的流量红利,部分产品获得全新的获客机会

第一,改变已有的营销方式及降低获客成本。

小程序解决了一个巨大的问题——降低获客成本。解决了获客成本较高的问题,企业可以通过营销直接社交化、定向化地推广自家小程序,不用用户下载App,基于微信和支付宝巨大的品牌效应和信用背书,推广的成本将比以前更低。

第二,成为线上、线下连接商家和用户的重要工具。

拥有了获取用户流量的机会,部分产品得以重生。以低频刚需或者高频产品为例,如用小程序乘坐地铁或公交车,几个月内单个城市就增加了数千万用户,不仅解决了大家的出行问题,并且降低了地铁、公交公司的应用推广成本。

(2)降低中小企业的开发负担,丰富移动化场景

第一,加快移动互联网场景化进程。

开发管理简单,降低获客成本,对企业而言使用更为简单、高效的小程序的成本优势非常明显,可装、可不装的App统统不装,也在一定程度上降低了用户的使用成本。在小程序上直接使用,用完即走,最多收藏经常用的那几款App。

第二,小程序对重度高频App难以形成冲击,比如对阅读、新闻、游戏等一些重度高频的App,不会造成太大的影响。

大量的低频长尾App原本就处于运营不善的状态,可借助微信小程序获得再生。目前小程序分为六大类,涵盖零售、电商、线下服务等一系列场景,涉及金融、物流、教育、交通、科技、自媒体、生活服务等多个领域,应用场景极其丰富,应有尽有。

巨头们为什么布局小程序

2018年7月,电商黑马拼多多赴美上市,小程序被认为功不可没。在微信始终无法打开淘宝链接的情况下,拼多多微信小程序除了展示商品外,还为拼多多低价拼团的传播方式提供了快车。无独有偶,4个月后,小程序第一股同程艺龙在港上市。

在微信支付界面中,"火车票机票"和"酒店"实际接入的都是同程艺龙的小程序。其数据显示:同程艺龙约65.7%的流量都来自大股东腾讯的微信平台。

不可否认,百度、阿里和腾讯(Baidu, Alibaba, Tencent, BAT)三家互联网巨头争先恐后地布局小程序领域,意味着全行业对小程序的战略价值已达成共识,但在背后,反映出的其实是移动互联网换了新战场。

◎ 小程序众生相

早在移动互联网爆发初期,手机浏览器公司就曾尝试过基于移动 Web 网络的小程序产品开发,只不过那时还是基于 HTML①5 的简单形态,完全不能做到现在这般流畅体验。

HTML5 应用失败的很大一部分原因在于流量、体验不过关,但移动互联网的红利期还远未结束。

互联网公司的获客渠道还可以依赖外部增长,资本市场仍在不断寻找独角兽,巨头们也未见到天花板,与此同时,用户在各个平台之间的服务跳转成本相对较低,超级 App 上的小程序就这样被冷落了。

继微信推出小程序之后,业界开始重新审视这个产品形态。一边是增长面临停滞,一边是超级 App 的"马太效应"②越发明显,用户开始习惯在一个平台完成所需的服务和内容,各方因素叠加促使小程序重新进入大众视野。

在作为今天小程序的一个主要阵地,超过 10 亿月活跃用户数的微信上,小程序如今已经超越服务号、公众号成为封闭生态内承载内容和服务的第一选择。

支付宝谨慎试探半年后上线了自己的小程序,日活跃用户数已过 2 亿。支付宝有同微信一样的封闭生态圈,不同的是支付宝更侧重于做服务和交易闭环。同出一门的淘宝,也在 2018 年 10 月悄悄内测了自己的小程序产品——"轻店铺"。

继微信之后,腾讯在 QQ 也上线了小程序,定名"QQ 轻应用"。随后 QQ 浏览器也宣布实现与微信小程序打通,开发者只需进行三步适配工作,就可将微信小程序移植到 QQ 浏览器上运行。

2018 年 7 月,最早发力小程序的百度在轻应用之后卷土重来。其特色是强调人工智能(Artificial Intelligence,AI)技术应用及开源政策,打通小程序后台,一次开发就可以在多款百度系 App 和外部联盟的 App 上运行,被看作是小程序

---

① HTML(Hyper Text Markup Language),指超文本标记语言,是一种标识性的语言。
② 马太效应(Matthew Effect)是指强者愈强、弱者愈弱的现象,广泛应用于社会心理学、教育、金融以及科学领域。

领域的 Android(安卓)。

跟随者还包括字节跳动,字节跳动小程序打通抖音,以及八大流量入口。

BATT[1]之外,手机厂商也组建了快应用联盟,试图用统一的标准在系统中集成小程序。

越来越多的互联网巨头布局小程序,或者正在进入战场的路上,那么小程序究竟有什么魅力让他们趋之若鹜呢?

◎布局

不管承认与否,互联网流量正在遭遇瓶颈,并且流量成本已变得十分高昂。

在线上流量越来越珍贵的同时,有效利用流量成为互联网巨头们的共同课题。小程序作为一个流量的全新工具,成为互联网巨头纷纷想要抢占的制高点,其背后的布局用意,可以归纳为以下3点。

1. 更高效地连接

在移动互联网时代,所有的信息和服务都由一个个App承载,作为相互独立又相互竞争的个体,虽然App之间形成了信息壁垒,但是小程序还是能被检索到,甚至可以直接搜索到内容,可以说,小程序的出现彻底改变了这种信息孤岛化的局面。

以电商平台为例,在信息孤岛的逻辑下,我们可以分为"看(商品)""转(电商平台)""找(商品)""买(商品)"4个步骤,而加入小程序后就可以缩减到2个:看和买。

这个过程的缩减正是因为小程序缩短了操作步骤以及省去了App之间的切换成本,从而带来更好的使用体验和效率提升。

2. 加速线上线下融合

同长尾应用一样,线下也存在长尾场景。譬如机场、车站、景区等,这些场

---

[1] BATT,指在BAT的基础上,加入了头条(即字节跳动),组成互联网四大巨头。

景如果使用App的方式服务用户,不仅效率低而且成本高。小程序不仅入口便捷,用户使用目的明确,而且开发成本低。对于商家而言,收集用户画像和建立会员档案成为可能。

如率先打开智慧零售场景的永辉超市,不仅有"超级物种"和社区店,同时还推广了自己的App。每当中午就餐高峰来临,写字楼周围的白领都会去"超级物种"购买便当、饮料,虽然有自助收银机,或是可以扫码结账,但始终改变不了人群拥堵的局面。随着永辉超市的小程序开发上线后,会员迅速增加到以前的2倍,留存率达到60%。数据比任何表达都更有力量。

3. 打造自身闭环生态圈

打造自身闭环生态圈也是互联网巨头把小程序放到重要战略位置的原因,未来的互联网巨头之间的竞争不再是产品和模式的竞争,而是整个生态链的竞争。借助小程序,互联网巨头可以完善自身的生态系统,并将流量分发的权力牢牢地攥在自己手中。

BATT小程序将连接什么样的世界

目前,小程序BATT四足分立的格局已经形成,尽管越来越多的互联网公司正前仆后继地加入小程序战场,但是它们都无法撼动BATT的地位。因为它们占据了中国移动互联网网民七成以上的使用时长。作为超级App内生的生态,用户的黏性决定了超级App在小程序混战中的话语权。

作为先行者,微信占据着小程序发展的先发优势,在小程序之争中率先突围,阿里、百度紧跟其后,字节跳动虽在赛道中落后,但是从字节跳动一系列的举动来看,字节跳动非常重视小程序的发展。

目前,微信、支付宝、百度App都已开启"补贴"模式。

2018年9月3日,支付宝成立小程序事业部,并计划在未来3年投入10亿元人民币创新基金,助力开发者和商家深入升级各类服务场景。

2018年12月，百度成立智能小程序开源联盟，拿出10亿元人民币创新基金投资有商业潜力的开发者和中小企业。

2019年1月9日，腾讯宣布推出小程序云开发10亿元人民币资源扶持计划。

2019年4月，字节跳动小程序全面开放，借助小程序深度扶持内容创作者。

从几个互联网巨头对小程序的布局可以看出，小程序不光光是一个产品这么简单。它是一个风口，也是一个革命性的工具。

但是对于不同的互联网公司，不同的生态布局决定了它们不同的小程序基因。

那么我们一起来探讨下，未来它们想通过小程序连接一个什么样的世界呢？

◎微信小程序——社交商业化的利器

依靠腾讯强大的社交关系链，目前，微信小程序发展已经领先其他互联网巨头一个身位。

根据2020年年初微信公布的数据："小程序2019年日活跃用户数超过3亿，累计创造8000多亿元的交易额，同比增长160%。相较于上一年，小程序人均访问次数提升45%，人均使用小程序个数提升98%，用户使用小程序次日留存率达59%，活跃小程序平均留存率上升14%。"

这是2020年微信公开课上小程序成绩单中的一份关键数据，也是微信首次披露小程序年度交易额。

从数据分析可知，微信小程序明显地呈现出虎头蛇尾的局面，几百个大知识产权（Intellectual Property，IP）分食了小程序一半以上的红利，而中小型企业并没有分到太多的羹。

这和微信本身的基因有关，整个腾讯都非常依赖社交裂变的传播方式，根据酷鹅用户研究院发布的《2019年微信小程序用户行为研究报告》数据，截至2018年底，微信用户经常使用的小程序类型为小游戏、生活服务、内容资讯、网络购物等，占比分别达到42%、39%、28%、28%。用户更爱去分享的小游戏排名第一，同生活息息相关的生活服务小程序排名第二，经常会拿出折扣或代金券激励用户去分享的网络购物与内容资讯排名并列第三。

其实微信聊天主界面下拉栏默认的是用户已使用过的小程序,如果把下拉栏的排除掉,就可以发现朋友圈分享仍旧是用户接触小程序的主要入口。也就是说,在微信生态里,更容易和分享机制融合的小程序更易走红。

在微信这个生态里,分享仍然是拉新的核心手段。微信小程序去中心化的传播模式,虽然对新入局者友好,但在留新上具有天然弱势。况且张小龙一直强调小程序的"用完即走",对于想要深耕小程序的企业和团队而言,并不是什么好事情。

因此,许多公司将微信小程序作为跳板,许多小程序包括拼多多在内,都在使用利益诱导、功能解锁等方式"强迫"用户转移到自家App上,这种"逃离"将是微信小程序上的常态。微信生态中,容易引发分享的小程序将更适合这个生态,游戏、购物天然具备的裂变属性,将是最大的想象空间。

◎ 支付宝小程序——连接线下的万能钥匙

支付宝小程序的推出时间相比微信小程序较晚,而且在流量上同后者也没有可比性。相比微信平台小程序的多元化,支付宝对于购物类、生活服务类小程序的开放程度远远低于前者,因为阿里本身就有淘宝、天猫两大电商平台,在生活服务方面也早早布局了口碑、饿了么、飞猪与淘票票等产品。而因为App使用场景所限,小游戏等娱乐类小程序的空间也很值得商榷。

在支付宝2019年公布的数据中,支付宝小程序的总用户数超过了5亿,日活跃用户数达到了1.7亿,春节期间的峰值甚至一度达到了2.8亿。从数据上看,支付宝小程序似乎同微信小程序处在伯仲之间。虽然在平台多元性上有弱势,但支付宝在基因上对比微信有一个明显的优势,那就是支付宝App场景更为聚焦。

用户在支付宝上的使用习惯相比微信也更简单、直接。时至今日,支付宝不再是简单的支付工具,而已成为用户处理支付、生活服务、政务服务、社交、理财、保险、公益等服务的一个重要平台。

在线上购物方面,支付宝同淘宝和天猫已经深度打通,因此购物类平台型小程序几乎可以说与支付宝无缘,不过预测未来支付宝小程序或会向品牌商旗舰店进行开放。反过来说,线下场景成为支付宝小程序最具想象的空间,支付宝本身的支付工具属性也有利于同线下相结合。

相比于微信提供巨大的流量池供小程序开发者自己去挖掘市场,支付宝则为小程序带来围绕支付生态的一些加持。支付宝能为小程序提供花呗和芝麻信用,不过这些数据只开放给与支付行为相关的小程序。例如,借充电宝免押金、借共享单车免押金等。

2019年2月26日,支付宝小程序正式面向个人开发者开放公测。具体到类目,个人开发者目前可在支付宝平台上开发包括餐饮、体育、旅游、快递与邮政、个人技能等6个一级分类及20多个二级分类的小程序。在功能上,个人主体账号暂不支持支付功能。

资本方在对支付宝的小程序投资选择上,也呈现出这个差异。支付宝上的万能小哥、人人租机、附近家政、企迈云商、非码科技等一批与线下生活服务紧密相关的小程序项目,在2018年下半年均获得不同额度的融资。

中小线下实体商业都不具备足够的资本与人力打造独立的App,因此小程序对于它们而言是分享移动互联网红利的珍贵机会。

微信小程序最早也是定位在同线下商业进行连接上。即使“跳一跳”带火了微信小程序,打通线下生活服务也依然是微信小程序未来的重点。而附近小程序入口使用率倒数第二这一事实证明,在这方面微信还有很长的路要走。用户结构更纯粹的支付宝小程序生态更适合与线下生活服务相打通,内在基因同出行、餐饮、快销、景区、酒店、物流、医疗和服务等行业都有很好的切入点。

不过,支付宝小程序的缺点也非常明显,即不适合支付宝交易基因的产品,在支付宝的平台上则很难有大的作为。

◎百度小程序——体验为王

相比于微信庞大并需求复杂的流量,以及支付宝数量巨大的移动支付用户,百度的优势在于用户有较为明确的目的性,用户在使用百度搜索时基本是为了解决生活上某个问题,这一基因为百度智能小程序的走向奠定了基础。

百度官方数据显示,截至2019年,百度智能小程序的服务已经深入政策民生、娱乐、资讯等23个大行业,覆盖262个细分领域,月活跃用户数超过了1.5亿。可以看出,无论是小程序数量还是月活跃用户量,百度同微信、支付宝都有不小的差距。

为了补足自身流量上的劣势,2018年12月20日,百度与12家企业签约成立"开源联盟",首批联盟成员包括爱奇艺、哔哩哔哩、快手、墨迹天气、携程、万年历、58同城、百度地图、好看视频、DuerOS等10多个App和平台。

百度App发力小程序与微信、支付宝面临的问题截然不同,微信和支付宝需要培育小程序用户形成使用习惯,因为这是从0到1的一个过程。而百度搜索一直是用户用来解决问题的工具,百度引导用户去使用小程序并没有习惯上的阻碍。不过,各大互联网企业自有的无线应用协议(Wireless Application Protocol,WAP)网站却同百度智能小程序产生冲突。

百度智能小程序首先面临着WAP网站的竞争,例如我们使用百度搜索"携程",携程WAP网站同小程序就会一同出现在结果列表里。在百度上每日庞大的搜索行为都可以促成小程序转化,不过前提条件是百度智能小程序能够在体验上优于企业自身原有的WAP网站,否则两者就会互搏。

如果说,微信同支付宝上的数万个小程序是用户在App内使用其他服务的唯一选择,那么就百度App上的一些大众互联网产品而言,百度智能小程序并非用户的唯一选择,因为在百度搜索框里本来就能搜索到移动网站。因此百度智能小程序要在用户体验方面深耕,才能引导更多的用户沉淀在百度智能小程序上,而不是被移动网页所分流。

要承认的是,在小程序整个生态的构建上百度的弱势最多,例如流量短板,账户体系、支付体系及信用体系的缺失。这些劣势是百度智能小程序向连接万物所延伸时的阻力。不过,百度在AI技术方面的多年积累,为百度智能小程序带来了差异化,使其有了超过微信、支付宝的能力。

此外,百度在搜索大数据上的积累对于小程序精准推荐有着无可比拟的利好,如何更精准地将小程序同用户搜索的内容匹配起来,是百度智能小程序能够在体验上超越微信、支付宝的武器。

百度所具备的信息流优势则是百度智能小程序的加分项,就像字节跳动并未大力开拓小程序一样,信息流用户更多的需求是获取资讯,在小程序转化上并不占据优势,简单地在图文内容下方设置小程序入口的商业意义有限,如何结合内容与小程序还有很多问题需要解决。

◎字节跳动小程序——聚焦内容转化与电商

2019年4月,字节跳动的抖音在其更新后的安卓系统版本的个人页面中也增加了小程序入口,其中除了已经曝光过的游戏类小程序,还新增了电商小程序。

据悉,抖音于2018年3月初次试水电商,选择了为淘宝导流的合作方式。2018年5月,抖音上线红人自有店铺入口,开始建立抖音自己的电商店铺。同年12月,抖音公布了10家购物车运营服务商。如今,电商小程序会更好地串联起从浏览内容到交易转化,再到最终交易完成的一整套环节。

同时,抖音也在对站内功能进行优化。这是自电商小程序正式上线后,抖音对电商小程序的一次重要赋能。

抖音已经与小米有品、网易考拉、京东、苏宁等电商平台达成第三方小程序接入意向,其中小米有品、京东好物街等电商小程序已经上线。

小程序已成为用户在超级App上连接世界的重要入口,然而超级App不同的基因属性,也决定了其平台上小程序生态的相异。

未来微信、支付宝、百度App甚至今日头条、抖音都将连接不同的小程序。企业也要开始分析不同App的基因调性,差异化地去布局小程序。用户指望在一个App里面解决所有的链接问题是很不现实的,产品的不同属性决定了App的功能不同,互联网巨头的基因决定了其差异化的存在。小程序的出现让各个互联网巨头生态更为开放,为不同用户提供不同服务已成为共识。

◎小程序平台扩充至8家,生态竞争又添变数

截至2018年6月,小程序领域还只有微信和十大手机厂商快应用两家生态平台,截至2019年6月,小程序生态日益繁荣,支付宝、百度、抖音、QQ等巨头相

继入局,全网共有8家小程序生态平台(见表1-1)。

表1-1 小程序生态平台

时 间	名 称
2018年6月	微信小程序、十大手机厂商快应用
2019年6月	微信小程序、十大手机厂商快应用、支付宝小程序、今日头条小程序、抖音小程序、百度智能小程序、淘宝轻店铺、QQ小程序

各平台小程序特点鲜明,适用的场景和小程序类型各有侧重(见表1-2、表1-3)。

表1-2 各平台小程序的特点

名 称	线上线下链接	搜索服务直达	社交裂变	开 源	统一账号体系	消息推送
微信小程序	√	√	√	×	×	√
阿里小程序	√	√	×	√	√	√
百度小程序	√	√	×	√	×	√
QQ小程序	√	√	√	×	√	√
抖音小程序	×	√	√	√	×	√
今日头条小程序	×	√	√	√	×	√
十大手机厂商快应用	×	√	×	√	×	√

表1-3 各平台小程序适用场景和侧重点

名 称	适用场景	流量分发	小程序主要类型
微信小程序	社交	去中心化	小程序以零售、游戏、内容、生活服务等为主,涉及种类最广
支付宝小程序	商业服务 生活服务	中心化	以生活服务、商业服务类型为主
百度小程序	内容资讯 服务搜索	中心化	娱乐、出行、电商、服务、工具、教育、金融、游戏等

名　称	适用场景	流量分发	小程序主要类型
QQ小程序	娱乐、社交	中心化	游戏、教育、娱乐、工具、阅读
抖音小程序	视频、内容	中心化	消费、生活服务、游戏、工具
今日头条小程序	内容资讯	中心化	消费、生活服务、游戏
十大手机厂商快应用	工具属性	中心化	游戏、工具、阅读、生活服务、电商、娱乐

当然各个平台还是有很多的共性和差异,共性主要表现为:

①各平台对开发者均有一定扶持;

②游戏、生活服务成为平台起步的首选;

③流量扶持,帮助优质小程序度过冷启动阶段。

差异主要表现为:

①适用产品类型具有差异性;

②流量获取方式各不相同;

③技术结构不尽相同。

02

第二章　产品
CHAPTER 2　PRODUCTS

05

02

小程序的特点

不管是耳熟能详的微信小程序、为线下生活赋能的支付宝小程序、为创业者服务的百度智能小程序,抑或对电商领域虎视眈眈的字节跳动小程序,尽管它们的着眼点和发力点不一样,但是从互联网产品价值的角度出发,这些小程序都有其共同特点。

◎ 自带推广

小程序自动覆盖附近方圆5千米的人群,这种不花钱的自然流量是微信官方对小程序初衷的坚守,当然不排除小程序在未来更商业化的情况下推出竞价排名。这种相对公平的排名规则对线下实体商家而言是有利的,让小商铺也能和大商家站在同一起跑线。

自带覆盖人群的功能,体现了微信官方努力保持线下竞争的公平性的美好愿望。当然,小程序只是一个工具,最终使用工具的人决定了小程序的应用效果。互联网在日新月异地发展,线下商家使用工具的内功还是需要自己去修炼。

◎触手可及，用完即走

不管是微信小程序，还是其他主流平台小程序，基本都遵循"无须下载，以最低成本触达用户"这一特点，App经过近10年的发展，已经完成"大鱼吃小鱼，小鱼吃虾米"的过程，超级App和功能细分化App是市场主体，占比1%的超级App瓜分着移动互联网90%的流量，而且还死死地卡住入口。更多的细分化App不得不依托于超级App进行输血。这也解释了为什么很多新兴的细分化App在没有成年就被互联网巨头移植到自己的"后花园"（收购）。

但是超级App的整个生态越来越庞大，基本涵盖了吃、穿、住、行等，甚至承担着非常大的社会责任，越来越多的功能承载让超级App内部盘根错节，流量在通过各个端口输出时很难保证价值最大化。

所以，更高、更快、更强成为超级App在内部衍生时的共同选择，流量珍贵，浪费流量就是浪费移动互联时代的"珍馐"。小程序"无须下载，用完即走"的特点在这个阶段刚好能满足发展的要求。

更直接、更高效，小程序具有化繁为简的能力。

◎搜索

"微信+搜狗"形成微生态中强大的搜索引擎，配合相关的关键词就可以让商家出现在微信用户面前。

支付宝在"朋友"这个对话栏专门为小程序置顶了搜索快捷入口。支付宝得益于更为强大的线下生活服务功能，其小程序的搜索更为精准。

而百度的智能小程序更为直截了当，直接在搜索框内添加小程序栏。这也符合百度以搜索为核心竞争力的特点。

◎小程序码

再小的个体也有自己的品牌！小程序码自带特有的属性，又区别于二维码，在场景中推广打开率更高（见图2-1）。

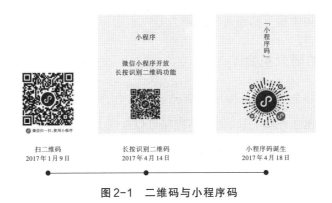

图 2-1　二维码与小程序码

从方到圆,从密封到发散,这是二维码到小程序码在图形界面上的变化。此外,在功能方面,二维码所有的功能,小程序码同样具备。

◎成本更低

对于创业者而言,小程序可以降低很多成本。

首先,很多人的启动资金不多,开发一款 App 的成本是开发小程序的几倍甚至是几十倍。后续高昂的运营和推广费用更是让许多创业者望而却步。而小程序小而美的特点,让创业者更能轻松上阵。

其次,对于线下零售商家而言,平台高昂的抽成吃掉了商家的大部分利润。但是依仗平台多年的经营和积累,大平台绑定了大部分商家,依靠流量紧紧地扼住商家的命运。对于平台的依赖让商家发展举步维艰。而小程序的出现打破了流量分发的规则,很多商家可以通过小程序经营自己的私域流量,再通过私域流量进行商业化。

◎更流畅的使用体验

小程序对比传统 App 而言,其功能更为聚集,减少了大量入口步骤,给用户带来的是更为直观的使用体验。以前三步触达简化为一步到位。让用户更快捷地找到想要的东西,以更直观的方式满足用户的诉求,这些是小程序体验的优势。

小程序的流畅度几乎可以媲美 App,不管腾讯、阿里、百度还是字节跳动,小程序在功能和体验上都超过了大部分H5[①]页面。

◎更多的曝光机会

随着小程序的发展,小程序不断释放新能力,将给传统商家带来更多的线上曝光机会。比如外卖餐饮,通过小程序可以在线上获得大量的曝光机会。

支付宝依托支付的属性,配合强大的商家服务能力,大量扶持线下商家通过支付宝小程序进行线上布局和营销,给予很多流量支撑。同样,百度智能小程序、字节跳动小程序都在结合自己的产品基因,对小程序进行流量扶持。

◎使用即是用户

用户只要使用过小程序,就会成为小程序的用户,该小程序会自动进入用户的发现栏小程序列表中。

不管是微信的小程序还是支付宝小程序,都为小程序的留存提供了便捷的通道。使用即用户,对于使用频次高的小程序,用户习惯的培养是非常重要的。

留其精华,去其糟粕,对于有价值信息的留存让小程序的用户黏性更强。

◎在微信中的打开率更高

同样的一个广告链接,在公众号图文中插入外链、阅读原文、文末广告和小程序广告位所获得的打开率完全不同,小程序和阅读原文的打开率相差数倍。

◎高效的流量召回

小程序的流量召回能力是非常强的,因为小程序工具的这个属性,小程序被重复打开的概率上升,客户留存率和二次打开率很高。有数据表明,小程序商城的复购率远远高于常规购物平台。

---

① H5是指第5代HTML,会在第三章进行详细介绍。

◎"公众号+小程序"的完美结合

朋友圈、公众号和小程序,分别对应着社交、内容和服务,这三者加起来正好是小程序目前最火爆的变现方案——社交电商。行业内排名第一的"蘑菇街女装精选"就是典范,其借助"公众号+小程序",在朋友圈进行传播,实现了两个月300万用户的转化。

◎让积累自有用户成为可能

社交电商喊得最响的一个口号就是让商家建立自己的私域流量,摆脱平台的束缚。用户点击小程序之后就会成为小程序用户,即便不消费,也会与商家产生关联。

小程序的分类

从2017年1月登场,到之后被称为鸡肋,再到现在逆袭成为互联网圈的大热点,小程序经历了不小的动荡、起伏。2018年,随着几个互联网巨头纷纷入场布局小程序战线,且经过近4年的发展,小程序已经成为移动互联网时代的一片红海。现在只要打开微信,看看"附近的小程序",就会发现,原来每隔几十米就有一个小程序,甚至即便是不太关注科技互联网的女性用户也开始用微信小程序来挑选自己喜欢的口红。支付宝小程序更是成为支付宝连接线上和线下的一把利器。随着后来百度智能小程序和字节跳动小程序的加持,小程序的生长速度达到了前所未有的高度。随着5G时代的到来,小程序的后劲只会越来越强。科技始终是引领时代发展的,小程序作为移动互联时代的一个变革缩影,正验证着科技改变生活这一真理。

当然,小程序发展到现在,不管是行业从业人员,还是小程序使用者,对小程序的认知都存在着很大差异。就目前而言,对小程序的分类的认知还没有达到一个统一的标准。因为万物都有特点和规律,所以总结小程序的分类,有助于我们更好地了解小程序。

小程序目前从大的行业方向来划分可以分为以下四大类：

①内容类小程序；

②游戏类小程序；

③工具类小程序；

④电商类小程序。

◎ **内容类小程序**

内容类小程序主要是基于小程序端开发的内容资讯类资源整合型的平台，内容类小程序涵盖范围非常广，如传统的报纸、杂志、网站、电视台和新媒体等。不管是对于平台运营者还是内容产出者，小程序都提供了一个更为方便和快捷的通道进行内容整合和传播（见表2-1）。

表2-1　内容类小程序中的八大媒体

小程序名称	内容功能	关联公众号	与公众号关联方法	小程序主体	传播矩阵
人民日报	首页、提问	人民日报	底部菜单栏	人民日报、人民日报媒体技术股份有限公司、人民网股份有限公司	人民日报、人民日报FM、人民日报数字报、人民数据社、人民日报融媒体
新华社悦读	首页、现场、图视、记者	新华社	公众号文章介绍	新华新媒文化传播有限公司	新华社微悦读、新华答题、金牌Magic
东方头条新闻	新闻、视频、我的	东方头条	关联小程序	上海东方股份有限公司	东方头条新闻、东方头条排行榜
搜狗百科	每日热搜、有梗百科	搜狗百科	公众号文章底部插入	北京搜狗科技发展有限公司	搜狗百科、搜狗问问、搜狗阅读、搜狗翻译、搜狗号码通
网易新闻精选	首页、视频、我的	网易新闻	关联小程序	网易传媒科技（北京）有限公司	网易新闻精选、网易公开课精品、网易汽车、网易房产等

续表

小程序名称	内容功能	关联公众号	与公众号关联方法	小程序主体	传播矩阵
腾讯新闻	推荐、视频、本地、我	腾讯视频等	公众号文章介绍	深圳市腾讯计算机系统有限公司	腾讯新闻、腾讯天气、腾讯文档等
热门微博	首页、热搜、我的	微博	底部菜单栏	北京微梦创科网络技术有限公司	热门微博、微博电影、微博鲜知
今日头条	根据个人兴趣推荐的资讯	今天头条	底部菜单栏	北京字节跳动网络技术有限公司	今日头条、今日头条云服务、灵犬反低俗助手

内容资讯类小程序,按照属性来划分可以分为传统媒体类内容小程序和新兴媒体类内容小程序。

人民日报小程序、中国青年报小程序、新华网等传统媒体都通过小程序进行移动了互联网二次升级,作为承载社会责任、掌控社会舆论的严谨媒体的代表,传统媒体掌握着一手新闻资讯的核心源头,小程序的出现让传统媒体在内容产出和分发上更为贴近读者(见图2-2)。

图2-2　人民日报小程序与浙江卫视小程序界面

微信公众号的诞生让新兴媒体的发展得到了质的飞跃,内容产出不再是传统媒体的"金箍棒",新兴媒体的诞生让更多的普通人都能拿起这根"金箍棒"。但是泛滥无序的内容产出,让内容消费者陷入很多无价值的旋涡里,小程序的诞生让微信公众号的价值内容进行了有效的二次分发,高效地触达有需求的阅读者,留其精华,去其糟粕,让新兴媒体的内容有序、有质、有量(见图2-3)。

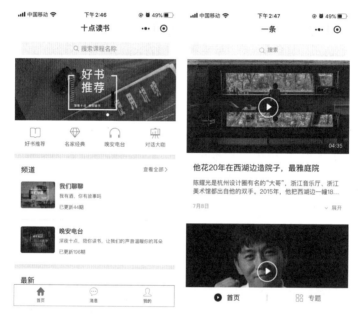

图2-3　十点读书和一条小程序界面

那么,相对于传统的资讯类App高度中心化的特点,内容资讯类小程序有什么优势呢?

1. 资讯小程序聚合资源

在微信的小程序中,我们搜索新闻时会出现几十个新闻类的小程序,涵盖了我们日常浏览的大部分新闻资源。新闻资讯的资源集中展现,给了用户更多的选择空间。

作为资讯类最大内容分发者的今日头条小程序,小程序对内容进行细分化输出,相当于对原本杂乱无章的图书进行陈列,做了二次分类细化,这样有助于快速检索,进行内容输出。对于内容消费者而言,除了提供更为直观和便捷的到达内容源的通道之外,更为重要的是能快速完成消费者自己的关注选项,避免繁杂的无用信息的干扰。

对于小程序的运营者和开发者而言,通过小程序数据对内容产出者和消费者进行画像,更能精准布局内容。

2. 资讯小程序使用更方便

小程序本身不需要下载的特性,极大地降低了用户获取、使用的成本,随手点进小程序就能使用各家媒体的资讯服务。相比客户端,既不用下载、安装,又不占手机空间,随时随地都能使用。

3. 内容资讯类小程序具有优化的用户体验

在浏览器和客户端中,大家总能看到不同程度的广告和无用信息,以及一些不需要使用的功能。而各家媒体的小程序,都有着一个共同的优点——简洁清新,没有广告打扰(见图2-4)。简单流畅的操作、贴心的夜间模式,使阅读体验更舒适。小程序本身的优化也足够,在微信中运行也和优秀的App体验无差。

排名	小程序名称	分类	用户满意度	成长指数	阿拉丁指数
1	热门微博	内容资讯	4.6	849	7801 ↗
2	汽车之家	内容资讯	4.5	571	7164 ↘
3	知乎热榜	内容资讯	4.0	604	7099 ↘
4	搜狗问问	内容资讯	3.8	650	7089 ↗
5	搜狗百科	内容资讯	4.3	635	7001 ↗
6	腾讯看点	内容资讯	–	583	6460 ↗
7	汽车报价大全	内容资讯	4.4	470	6322 ↗
8	易车	内容资讯	4.4	625	6166 ↘
9	汽车之家报价大全	内容资讯	4.3	606	5940 ↗
10	腾讯动漫	内容资讯	4.1	577	5925 ↘

图2-4　阿拉丁2020年6月内容资讯类小程序排行TOP10

小程序进化到现在,已经有了自己特有的优势属性,新闻媒体等原本并不完全符合小程序应用场景的行业也接连进驻。这是因为小程序自身能力持续开发后,打通了新闻媒体行业的传播渠道,让内容资讯类小程序真正连接上了10亿移动网络用户。

◎ 游戏类小程序

不管是PC时代的腾讯还是移动互联时代的腾讯,都在做同一件事情——依靠强大的社交应用能力进行变现。

腾讯的收入模式主要分为4类:①与社交相关的网络增值服务,包括数字媒体订阅、会员特权和虚拟物品销售;②与在线游戏相关的网络增值服务,包括手机游戏和PC游戏;③在线广告,包括媒体广告(新闻、视频和音乐内容)、社交及其他广告(包括社交平台、应用商店、浏览器和广告网络);④金融科技和企业服务(包括金融科技服务和云服务等企业服务内容)。

在腾讯的收入占比中,游戏一直占据着相当的分量。游戏几乎可以说是腾讯的命脉。不管是传统的端游(客户端游戏),还是现在流行的手游(手机游戏),腾讯游戏在国内一直极具影响力。微信游戏小程序和QQ游戏小程序的加入,让腾讯游戏的生态枝繁叶茂。

2018年初,微信小游戏"跳一跳"引发了全民指尖狂潮,其日活跃用户以不可思议的速度增长到了1.7亿人,开启了小程序游戏的元年。随后,一大批互联网开发者纷纷跳上了这辆高速发展的列车。不到半年,多款小游戏月流水过亿元。

整个2018年,游戏类小程序的数量增至7000余款,日活跃用户1亿多人,人均日使用时长13分钟。数据显示,平均每5个微信小程序用户,就有4个在玩游戏。

2018年5月,QQ游戏小程序上线,进一步释放了游戏能量。

游戏类小程序的二级分类主要集中于益智、休闲、棋牌、动作、角色、竞技(见图2-5)。

益智类,如头脑王者、成语竞猜等,以答题、闯关为主,注重好友圈里的排名和PK(Player Killing,对决),游戏有话题感,便于传播。

排名	小程序名称	分类	用户满意度	成长指数	阿拉丁指数
1	欢乐斗地主	游戏	3.8	75	7925
2	天天斗地主真人版	游戏	4.0	733	7517 ↑
3	成语小秀才 越玩...	游戏	4.6	24	6610 ↑
4	狼人微派杀	游戏	4.0	613	6448 ↑
5	全民养恐龙	游戏	--	92	6343 ↑
6	爱江山更爱美人	游戏	4.2	839	6165 ↑
7	超级精灵球	游戏	--	68	6135 ↑
8	全民枪神边境王者	游戏	4.3	99	6105 ↑
9	雀神广东麻将	游戏	--	713	6087 ↑
10	和平精英	游戏	4.3	762	6043 ↑

图 2-5　阿拉丁2020年6月游戏小程序TOP10

休闲类,操作简单易上手,用户能通过积分排名获得成就感,有刷新纪录的冲动。

棋牌类,受众广,可随时开局,单局耗时短,大大减少安装各类棋牌App的烦恼。

动作类、角色类、竞技类,基于小程序H5技术开发,游戏逻辑大大简化,操作相对简单,但不太适合重度游戏玩家。对此,该类小游戏从上线初期就存在争议,即小游戏未来是否也能承载中大型游戏。

整体来看,小程序上的小游戏操作更简单、上手快、耗时短,在占领用户碎片化时间上更具有优势,用户范围进一步扩大到中老年人群。基于微信社交生态,"社交+游戏"更具有话题性,可玩性强的游戏容易获得关注。

◎ 工具类小程序

当App的人口红利走到尽头时,最先受到冲击的就是工具类应用。产品边界窄、用户群单一、产品没黏性……这些都束缚着开发者的想象力。

像火柴盒、魔漫相机、足记这些一度大红大紫的工具产品,在操作系统和超级App的挤压下早已式微。更大体量的墨迹天气早已玩起了社区;美图秀秀孵化出美拍和潮自拍等社交产品,甚至还卖起了手机……但在这些经常见诸媒体的"庞然大物"之外,很多人看不见更多的小工具转型失败。

"工具+社区"似乎成了转型的最优解,社交化是所有工具都在苦苦探索的一条路。在这样的焦虑中,小程序的出现成了一剂良药。

微信生态就是一座宝库,关系链、用户量、活跃度、流量、传播渠道……第一时间迅速挤进小程序生态的工具产品数不胜数,但能真正把小程序玩转的只是少数。如何通过小程序正确利用微信的天然优势,目前还没有现成的理论体系,但通过解构几个优秀的工具小程序,或许就能窥见一二(见图2-6)。

小程序之于用户的意义有很多,但其中最基础的同样是工具类小程序对于微信使用体验的优化。

说到底,今天的微信使用场景太多,其中总会有很多不时出现的长尾刚需,期待微信官方来解决显然是不可能的,而一款小程序往往就能很好地在微信生态中解决问题。微信能做的事越来越多,同时不会让用户感到微信变得越来越重,这就是这类工具小程序对于用户最大的意义。

排名	小程序名称	分类	用户满意度	成长指数	阿拉丁指数
🥇	金山文档	工具	4.6	772	7934 ↑
🥈	怪兽充电Ener...	工具	4.4	583	7353 ↓
🥉	墨迹天气	工具	4.4	685	7226 ↑
4	来客有礼	工具	4.6	541	7159 ↓
5	腾讯文档	工具	4.6	65	7096 ↓
6	通信行程卡	工具	--	70	6947 ↓
7	问卷星	工具	4.6	709	6939 ↑
8	来电	工具	4.5	585	6806 ↓
9	草料二维码	工具	4.6	636	6702 ↑
10	搜电	工具	4.4	654	6696 ↓

图2-6　阿拉丁2020年6月工具类小程序TOP10

微信的社交关系给了工具类产品蜕变的基础,而工具类产品的属性又弥补了微信产品力的缺失,而这两端的基础都是小程序。用户使用微信时痛点的多少,直接映射出了对小程序的需求量。而一旦尝试过体验优化,就很难舍弃了。

如果你还对小程序持怀疑态度,那不妨根据你平时用微信时遇到的痛点,找一个对应的工具类小程序,你就会有更直接的感受。

工具类的小程序很好地体现了小程序用完即走、体验轻便的特点。一方面,工具类小程序可以极大地满足微信用户对于小工具的使用需求,像日历、天气、投票、开会、签到等,用户通过搜索、扫码或者好友的推荐就能使用,使用门槛较低,且较适合在微信内的场景使用。另一方面,小程序的平台是开放的,开发者可以在平台规则内探索有趣味、有创意的工具供用户使用,工具类小程序往往功能简单,也方便开发者进行开发和迭代,对于小程序的生态有着重要的价值。

高效完成任务是工具的目的。小程序的特点是无须安装,用完即走,无须卸载。一款好的小程序应该致力于满足用户的需求,只要场景适合、能快速解决用户的需求,这个小程序对于用户来说就是有价值的。

【案例:墨迹天气】

2018年,墨迹天气App已经覆盖超过5亿用户,在细分行业早已经成为老大,工具类App在经过人口红利的发展阶段后,面临着用户二次增长的考验,传统App几乎已经到了增长容量极限,新的渠道和平台的介入成为墨迹天气二次突围的选择。

小程序因其特点成为墨迹天气的最佳选择。作为首批微信小程序特邀内测商家,经过2年的耕耘,墨迹天气小程序交出了一份满意的答卷(见图2-7)。

墨迹天气高级产品经理余艳霞总结了墨迹天气小程序发展的"三级跳"。

第一跳:回归用户需求。

墨迹天气小程序开发团队梳理了用户的核心诉求,总结如下:

①天气数据展示是否直观、美观;

②数据能否实时反馈天气情况;

③预报天气准确率有多高。

开发团队在小程序界面设计、颜色、字体等同步做了修改和调整,更强化了数据的实时性、预报的准确性,突出的短时预报最快甚至达到两分钟更新一次。

图 2-7　墨迹天气小程序界面

之前删除的"今明天气"也被重新加上。当新版本发布后,用户新增和留存数据明显回到了快速增长的轨道。

2018年,墨迹天气小程序累计用户量实现了400%的环比增长率,月均日活跃用户数量的环比增长率持续在100%。到现在,墨迹天气小程序累计用户数量近千万量级,活跃用户周留存率达70%。仅从工具类小程序看,这些数据都非常不错。

2018年7月发布2.0版本可以算是墨迹天气的第一跳。在这个阶段,产品的小程序化是最明显的。

第二跳:工具类产品的社交化。

当第一阶段因功能改善和品牌活动带来的增长顺利结束时,新的增长要求再次摆在面前。那么,墨迹天气新一阶段的增长点在哪儿呢?

时间来到2018年10月,针对数据和用户行为观察的分析仍然在继续。团队发现,用户过去分享天气时只能截图,这个被动的做法使得信息不能在时间和地点上实时变化,而在社交层面上,不就是要挖掘社交传播的场景和需求吗?完成了工具化功能带来的第一阶段增长后,墨迹天气发现天气也能和社交深度结合。

团队先设计了一些海报,在体现专业预警信息的同时还加入了一些卡通形象元素。复盘时发现,类似海报传播的拉新效果较平时提升率超过600%。

这奠定了墨迹天气情感分享的基础。顺着海报传播去想,余艳霞和团队发散了更多想法。例如深圳最近几乎连续一个月都在下雨,基于此而制作的分享页面就很受深圳用户欢迎。

后续被推出的那些情感分享文案,大部分是这样的:"会提醒你天气好坏的,不止有你妈,还有墨迹天气啊!""对自己好的标志不是保温杯里泡枸杞,而是出门前要看天气。""知道吗?你的笑容比今天的晴天还美。"

开发团队认为,这些基于细节和情感的调整与变化构成了墨迹天气小程序增长的第二跳。

第三跳:矩阵玩法,保持简单。

第三阶段则是从2019年2月开始直至现在,在这段时间里墨迹天气强调的玩法是矩阵。墨迹天气已推出多个小程度。在墨迹天气看来,一个小程序是触达用户的一个点,矩阵相当于触达用户的多个点。

在新阶段中"日签"玩法被推出。从"早起勋章"开始,只要用户每天在一个时间段内打开小程序,就会被记录为早起,坚持的天数会形成可视化的维度。墨迹天气再基于此完善各个维度的排行榜等激励体系。

这个组合玩法被开发团队称为"行为+名头",即当我分享给你时,不仅仅是把天气分享给你,更把我得到的成就、我的自律表现分享给你,或者是我发现了能够体现美感和个性化的东西分享给你。更重要的是,这个基础组合可以衍生很多玩法和功能。曾经是以工具定位的墨迹天气小程序,在这时悄悄变成了和情感、生活状态相关的产品。

通过这些努力,墨迹天气小程序通过分享带来的新增用户占比提升了78%,将近翻了一倍。

总而言之,墨迹天气的成功转型,主要原因有三点:一是靠微信生态内部流量,二是产品体验提升,三是有去挖掘一些社交传播玩法。

【案例：猫眼电影演出】

2017年底，猫眼正式推出微信小程序——猫眼电影演出。两年内，猫眼电影演出微信小程序用户激增，成为猫眼全文娱战略中的重要环节。小程序社交性的流量红利与便捷的连接渠道，让猫眼在互联网用户获取成本日益高涨的当下，率先掌控了新增量——公众的娱乐消费入口，正在悄然改变。

2019年8月28日，官方消息显示，猫眼电影演出微信小程序用户规模突破2.5亿人，距离2019年初宣布用户破2亿人，仅过了半年。这个消息意味着什么？根据CNNIC发布的第44次《中国互联网络发展状况统计报告》，截至2019年6月，我国网民规模达8.54亿人。而猫眼电影演出2.5亿人的用户规模，意味着每4个网民中，就至少有1个正在使用猫眼电影演出微信小程序。

通过猫眼电影演出微信小程序的运营方式，不难理解小程序背后的用户增长逻辑。一方面，猫眼电影演出微信小程序以即买即走的便捷消费方式，迅速将用户与服务场景连接，形成交易流量；另一方面，用户通过猫眼各类互动玩法、社交小游戏完成流量叠加，猫眼电影演出微信小程序形成宣发势能的同时，以社交属性提高用户留存率。

以小程序的便捷优势而言，猫眼电影演出微信小程序依托微信生态，具备天然的流量基础。腾讯2019年二季度的财务报表显示，微信月活跃用户达11.3亿人，微信是国内国民度与使用度最高的移动App之一，而其背后强关联的社交关系，让微信小程序成为互联网市场上的流量洼地。猫眼电影演出微信小程序的出现，成功地将微信的社交生态优势，转化成了用户增量。

同时，相比传统移动端App需要下载程序才能进行使用，小程序省略了下载安装的时间成本与流量成本，同时保留了App上电影、演出、赛事等在线购票功能，显示各类娱乐项目的上映信息，提供电影想看标记和观影后评分等，让用户以最低的成本获取一种"无包袱式"体验（见图2-8）。

图 2-8 猫眼电影演出小程序界面

便捷的交易模式与各类社交优惠玩法,让猫眼电影演出微信小程序在提高购票转化率的同时,加强电影宣发势能,也让小程序成为用户娱乐消费的重要入口。当用户进入小程序,便可参与砍价等活动,为获得实惠,用户要带着小程序走出去,在微信里触达更多用户。

这就为猫眼电影演出微信小程序构建了一个"反漏斗模型"。小程序的各类优惠活动与社交互动,规避了传统营销和销售领域用户随产品环节深入递减的规律,反而让用户随着环节深入越来越多,实现了原流量与新流量的叠加。猫眼电影演出小程序是其中的重要一环,并且在逐渐地占据重要比例。

◎ 电商类小程序

1. 传统电商行业存在的困局

(1)大平台通吃,获客成本高昂

对于在传统电商平台发家的第一批商家而言,"生意越来越不好做了"已经成为共识。

首先,传统电商流量获取成本越来越高,消费升级带来的消费多样化让消费者的需求越来越多元化。开发新产品和推广新产品的双重压力让这批商家的日子越来越难过。

其次,持续的电商热让传统企业纷纷不计成本地杀入红海。这给"淘品牌"带来了巨大的冲击。

最后,近几年,国外大牌也纷纷通过电商进入中国,他们的降维打击更为凶狠。

(2)商家难以扩展新的销售渠道

前几年App很火,只要是稍微做得出色的商家都野心勃勃地投入了大量的资金去开发自己的App,但是很无奈,运营一个App的成本实在太高,推广、技术等都要花费大量的人力和资金。

直到微信公众号、服务号的陆续推出,这股热情才被浇灭了,大家都涌入了微信,开发公众号。但是公众号和App的体验差异还是很大的,第一个是入口太深,第二个是用户"体验"太大,很多交互都做不好或做不了。虽然商家在公众号累积了大量的粉丝,但是转化率和复购率其实并不高。

小程序的推出,在很大程度上解决了这些问题,现在小程序除了朋友圈之外,已经开发到微信生态的各个方面,并且还在不断推出新的服务,现在大家都使用微信了,有很大的用户黏性。

电商小程序根据其社交属性程度可以分为强社交电商小程序与弱社交电商小程序。强社交电商的发展强烈依赖于微信的社交功能,而弱社交电商则是利用了微信小程序的便利性与辅助性。

强社交电商小程序分为拼团类、内容分享类和微店。拼团类电商小程序以拼多多、京东拼团、苏宁拼购为代表,该类小程序借助微信或者自身的社交裂变功能,以拼团或者优惠券购物的方式吸引用户,低价、邀请、拼购是其核心卖点。内容分享类的电商小程序以小红书、美团为代表,该类电商小程序注重内容的分享,以店铺、品牌、商品为闭环,在分享页面嵌入商品购买链接,进行转化。微店电商小程序以两鲜、"微店+"为代表,这类小程序主要是依靠微信小程序发展起来的电商,为微商的发展提供更为便捷的通道,同时也促进微商的正规化。

弱社交电商小程序可以分为线下门店类和传统电商类。线下门店类电商小程序以全家、优衣库、百联为代表，这类电商小程序偏向工具性质，主要功能集合了会员积分、优惠券、线上购物、停车缴费等。目前而言，这类电商只是线上门店的一个线上补充。传统电商类小程序以京东商城、苏宁易购为代表，这类小程序主要是比较成熟的 App 的辅助工具，方便用户多途径下单，目的在于增加线上流量通道，扩大客户群体。

国内电商市场起起伏伏 20 年，变幻莫测，科技更迭，流量不断重构。近两年，小程序成为电商领域的沃土。拼多多等诸多小程序电商新秀让微信关系链背后的商业价值无可隐藏；支付宝小程序宣布上线"智能客服"功能，加码小程序电商发展；百度战略投资有赞，借小程序补足电商交易能力；"天生社交"的 QQ 小程序和具有"200 亿市场"的抖音也以极快的速度起跑。小程序电商凭借其轻便、内存小、支付压力小、天生信任度高等优势，快速成为用户所好，获得投资人的青睐。

从阿拉丁 2019 年上半年 TOP100 榜单分布来看，网购类小程序的占比持续上升，在 TOP100 小程序占比排名第一，数量反超小游戏。电商小程序在商业模式上实现了独特化创新，依托微信的社交关系链，拼团、社区团购的模式是小程序所独有的。在这些创新模式下，跑出了像拼多多、同程艺龙、兴盛优选、松鼠拼拼、女王新款等大量优秀企业，这些企业在实现亮眼业绩的同时，也备受资本市场青睐，拼多多、同程艺龙等均已上市。

【案例：当当】

当当作为电商行业中极具代表性的领导企业，2018 年，当当利润 4.25 亿元，同比增加 34.9% 的盈利水平惊艳了财经媒体圈。在电商领域中，当当以"求变"著称，风口之下也自然而然地成了那匹行业黑马。其小程序当当购物总用户已达 1 亿人，月活跃用户数近千万，用户转化率 9%，在电商中排名十分靠前（见图 2-9）。

图2-9　当当小购物程序界面

　　据悉，2017年，当当就把小程序提到公司战略层面，专门配置产品运营研发团队，成立独立的小程序部门。微信用户生活场景高度分散和碎片化，微信近10亿人的月活跃用户及其密集关系链，都让当当预见了微信生态的商业价值。当当判断小程序会带来增量并引发用户行为的改变，于是开始在小程序中攻城略地。

　　2018年，市场环境、小程序赛道整体体量、当当自身数据均证明小程序用户量果然增长很快。当小程序作为增量渠道被验证后，当当以迅雷不及掩耳之势开始做小程序广告投放，希望借这个风口构建"私域流量增量池"。最具代表性的"当当0元领"功能，每天为其带来12万名顾客，用户分享率达到20%，裂变率达到500%。

　　当当在与腾讯广告、小盟广告等广告平台建立合作期间，曾开展名为"月度投放"的测试计划，这也是当当首次在小程序上投放广告。在之后的6次大规模投放中，其效果显著提升，获得用户和品牌影响力的双增长。其中，当当与小盟广告在2018年"双十一"期间的合作获得了4000多万的展现量、40多万的点击量，点击率为1%—2%。其ROI近乎1∶1，获取订单用户的成本远低于电商平均获客成本。

【案例：拼多多】

"6个月拼出过亿访问量！"在本已红海的电商市场，突然杀出的拼多多成为近年来领域热议的焦点。从2018年2月发布的小程序TOP100榜单来看，除微信官方的"跳一跳"小游戏外，拼多多以602.2的用户指数规模位于小程序榜首，环比上月增长8%。在本属于"新零售"的时间赛场上，拼多多小程序上线半年就"拼"出过亿访问量，其移动App端的增长也是呈现阶梯式增长。拼多多的快速爆发，点燃了电商领域的热火。

后起的拼多多，是如何在短期内就实现活跃规模大爆发的呢？这还得从拼多多的定位说起。拼多多定位为移动社交电商平台，以"电商+社交"的模式运营。而国内电商领域巨头淘宝除了自身的大流量渠道，在社交层面通过微博进行导流的做法，其实也为社交电商运营提供了很好的先例。

而当使用微信成为人们的生活方式之后，如何利用微信大体量用户和强社交关联进行电商营销成为大家关注的问题。上线不久的小程序提供的支付服务闭环为此提供了契机。拼多多小程序可以说是在抢抓微信小程序红利上先人一步，在京东占据微信"九宫格"先发优势后，拼多多的策略就是在社交上玩到极致。

"拥抱微信，拥抱小程序"，可以说是拼多多在淘宝、京东系电商之外做的最正确的选择。基于微信生态圈，电商运营的操作形成"小程序+朋友圈+公众号+微信群"的完整生态，而拼多多就是紧密结合这样的基础设施来完善、升级自己的社交电商玩法。

相较于传统电商运营流量的套路，在微信里运营电商，就需要打破惯常思维方式来解决新客信任、获客、运营及用户沉淀等诸多问题，而微信小程序就被拼多多视为强有效的引流引擎。

2017年，在互联网领域有个热词叫"社交电商"，即通过"公众号+小程序"的组合模式，让内容电商成为可能。

小程序具有运营成本低、转化率高、复购率高的特点，并开始逐渐成为内容电商从业者的首选,用户也逐渐因阅读而购买(内容电商),或者朋友推荐而购买(见图2-10)。小程序赋予电商的,最基础的是入口和支付,当然小程序还提供了更多的能力,比如无限数量的小程序码、更强大的用户画像能力、更丰富的数据分析能力。

排名	小程序名称	分类	用户满意度	成长指数	阿拉丁指数
1	拼多多	网络购物	4.5	69	10000 ↗
2	京东购物	网络购物	4.6	18	8759 ↘
3	京喜	网络购物	4.7	621	8631 ↗
4	兴盛优选	网络购物	4.5	804	7957 ↗
5	同程生活精选	网络购物	4.5	610	7802 ↘
6	闪店	网络购物	--	756	7638 ↘
7	十荟团	网络购物	4.7	617	7414 ↘
8	云货优选	网络购物	4.6	606	7317 ↗
9	小红书	网络购物	4.6	625	7242 ↗
10	苏宁易购	网络购物	4.6	544	7177 ↘

图2-10　阿拉丁电商小程序2020年6月TOP10

2017年5月份,拼多多上线小程序版本,在短短不到6个月的时间内累计访问用户过亿。而这得益于拼多多通过微信公众号、服务消息、小程序卡片的多样化及精细化运营。

"微信+小程序"的组合操作,基于社交网络中人性的洞察,将电商的交易服务体验推向极致。拼多多社交电商在小程序上的飞速裂变,主要体现在分享传播和拼团砍价的精细运营的策略上。

通过传统的微信公众号和微信广告为小程序引流,老客户通过服务消息及搜索入口再次进入,优化后的商品卡片通过社交分享扩散。

2. 微信社交电商小程序如何赋能商家

(1)商家开发出新的销售渠道

无论是微商还是传统电商,小程序对他们的吸引都是非常有诱惑力的,因为可以直接触达用户,除了一部分"剁手党"外,很少有人会每天都上淘宝,但是每个人每天基本都在用微信工作或是闲聊。这就意味着商家每时每刻都可以触达用户,可以对用户进行维护,提高转化率和复购率。

（2）社交带来的裂变营销

腾讯、阿里、百度、字节跳动等都在做小程序,但是为什么大家都一致看好微信小程序呢？原因就是微信的社交属性,每个人的朋友圈都有几百甚至上千个的微信好友,加上基本是熟人关系朋友圈,所以拼团、秒杀、优惠券推送等裂变营销方式很有效。

社交电商小程序带来了新的活力,具体可以体现为以下3点。

①线下的电商入口,借助巨大的用户流量,能够聚合相当一部分的生产力和购买力,有助于线下门店继续开拓更多新用户,线下门店也可以通过小程序带来线上流量,消费者可以在线上通过多种入口直达商家小程序,享受门店服务。

②超级的流量入口,社交生态里流量更加便宜,复购率也更高,迫使更多的商家开始寻找更加便捷的方式来实现引流和盈利。

③"场景+社交"属性,拼团、砍价、限量购等强营销手段是这类小程序的撒手锏,其打通了流量—转化—变现的闭环,在线上完成了整个商业模式的构建。

（3）社区团购的崛起,赋能生鲜电商行业

社区拼购很火,那么什么是社区拼购小程序呢？

概念:社区团是以微信为载体,帮助商家整合多个社区社群资源,集中化管理运营的一种商业模式。

实现方式:社区居民通过进入社区店线上社区团购小程序下单,商家整合社区店订单,以社区店为单位进行供货和配送,社区店备货完成后,提示社区居民到社区店提货(或送货上门)。

销售场景:快递代收点、社区便利店、社区物业、个人业主等发起的社区微信群,每个群都相当于一个社区店。

社区拼购有哪些优势呢？

用户最在意的就是价格上的优势,通过邻里关系建立的社区团购微信群聊,信任度高,群内都是有实际需求且有消费能力的居民,客源稳定,可持续性强。

商品从供货源头采购,去掉中间环节,降低物流费用和在途损耗,无传统门店成本,无须囤货空间,利润更高。

图 2-11 展示了社区拼购的流程,从产地到规格相关内容应有尽有,不仅可以快速分享到群,群内居民也可以便捷分享传播,复购率高,推广快。

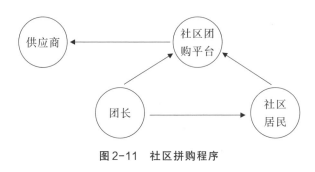

图 2-11　社区拼购程序

微信小程序注册及开发准备①

◎ 注册小程序账号

在微信公众平台首页(mp.weixin.qq.com)点击右上角的"立即注册"按钮(见图 2-12)。

图 2-12　微信公众平台官网首页

_____

① 本节内容引自微信官方开发文档(mp.weixin.qq.com)。

1. 选择注册的账号类型

选择"小程序",点击"查看类型区别"可查看不同类型账号的区别和优势。

2. 填写邮箱和密码

请填写未注册过公众平台、开放平台、企业号及未绑定个人号的邮箱。

3. 激活邮箱

登录邮箱,查收激活邮件,点击激活链接。

4. 填写主体信息

点击激活链接后,继续下一步的注册流程。请点击主体类型选择,完善主体信息和管理员信息。

5. 选择主体类型

小程序主体类型见图2-13和表2-2。

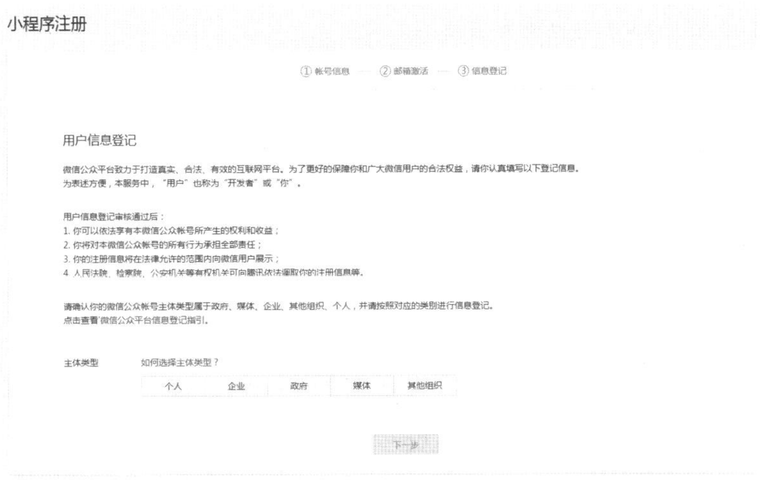

图2-13　选择主体类型

表2-2 主体类型说明

账号	范围
个人	18周岁以上有国内身份信息的微信实名用户
企业	企业、分支机构、企业相关品牌
企业（个体工商）	个体工商户
政府	国内、各级、各类政府机构、事业单位、具有行政职能的社会组织等。目前主要覆盖公安机构、党团机构、司法机构、交通机构、旅游机构、工商税务机构、市政机构等
媒体	报纸、杂志、电视、电台、通讯社、其他等
其他组织	不属于政府、媒体、企业或个人的类型

6. 填写主体信息并选择验证方式

企业类型账号可选择两种主体验证方式。

方式一：需要用公司的对公账户向腾讯公司打款来验证主体身份。打款信息在提交主体信息后可以查看到。

方式二：通过微信认证来验证主体身份，需支付认证费。认证通过前，小程序部分功能暂无法使用。

政府、媒体、其他组织类型账号，必须通过微信认证来验证主体身份。认证通过前，小程序部分功能暂无法使用。

以微信认证为例，其步骤如下：

第一步，登录小程序，点击"设置"，进而点击"微信认证详情"。

第二步，选择认证主体，选择完后进入填写认证资料页面。

各类主体需要提交的资质材料不同。

企业法人：《组织机构代码证》《企业工商营业执照》。

媒体：《组织机构代码证》《企业工商营业执照》或《事业单位法人证书》。此外，广播电视应上传《广播电视播出机构许可证》或《广播电视频道许可证》；报纸需上传《中华人民共和国报纸出版许可证》；期刊需上传《中华人民共和国期刊出版许可证》；网络媒体需要提供《互联网新闻信息服务许可证》或《信息网络传播视听节目许可证》。

政府及事业单位:《组织机构代码证》。

其他组织—免费(基金会、外国政府机构驻华办事处):《组织机构代码证》,以及相关登记证书、批文或证明等。基金会请上传《基金会法人登记证书》,外地常设机构请上传其驻在地政府主管部门的批文,外国驻华机构请上传国家有关主管部门的批文或证明。社会团体:《组织机构代码证》《社会团体登记证证书》。如果是宗教团体还需要提供宗教事务管理部门的批文或证明。民办非企业:《组织机构代码证》《民办非企业登记证书》。非事业单位的培训教育机构,需要提交其自身所有权的《办学许可证》;非事业单位的医疗机构包括美容院,需要提交其自身所有权的《医疗机构执业许可证》等。

第三步,填写管理员信息。

管理员身份证件类型如下:

①中华人民共和国居民身份证;

②无居民身份证内地居民,可以提交临时居民身份证。

以上证件必须提供正反面照片,且确认主体信息不可变更。

第四步,点击确认完成注册流程。

选择对公打款的账户,请根据页面提示,向指定的收款账号汇入指定金额。注意:请在10天内完成汇款,否则将注册失败。

选择通过微信认证验证主体身份的用户,完成注册流程后请尽快进行微信认证,认证完成之前部分功能暂不可使用。

7. 同一个主体可以认证几个小程序

除个体工商户类型可认证5个小程序外,其他类型同一个主体可认证50个小程序。

8. 认证通过需要多长时间

认证通过取决于用户提交(补交)的材料是否完整、及时,腾讯会在15个工作日内展开资质审核工作,用户应积极配合腾讯及第三方审核公司的审核需求。

9. 认证服务资费

除政府、部分组织（基金会、外国政府机构驻华办事处）可免费申请外,其他类型申请微信认证均需支付300元/次的审核服务费用。这是用户基于腾讯提供的资质审核服务而支付的一次性费用,用户每申请一次认证服务需要支付一次审核服务费。无论认证成功或失败,都需要支付审核服务费。

10. 认证服务资费支付方式

支付审核费用,目前仅支持微信支付方式。

◎ 小程序信息完善及开发前准备

1. 登录小程序管理平台

完成注册后,可在微信公众平台首页（mp.weixin.qq.com）的登录入口直接登录。

2. 完善小程序信息

完成注册后,微信小程序的信息完善步骤和开发可同步进行。

选择对公打款的用户,完成汇款验证后,可以补充小程序名称信息,上传小程序头像,填写小程序介绍并选择服务范围。

选择通过微信认证来验证主体身份的用户,需先完成微信认证后,才可以补充小程序名称信息,上传小程序头像,填写小程序介绍并选择服务范围(见图2-14)。

图 2-14 小程序发布流程

3. 小程序开放的服务类目

非个人主体小程序开放的服务类目包括快递与邮政、教育、医疗、政务民生、金融业、出行与交通、房地产、生活服务、IT科技、餐饮、旅游、时政信息、文娱、工具、电商平台、商家自营、商务服务、公益、社交、社交红包、体育、汽车。

个人主体类型小程序包括快递与邮政、教育、出行与交通、生活服务、餐饮、旅游、工具、商业服务、体育。

海外主体类型小程序包括快递与邮政、教育、出行与交通、生活服务、餐饮、旅游、工具、商业服务、体育、汽车、电商平台、商家自营。

4. 开发前准备

第一,绑定开发者。

登录微信公众平台小程序,进入"用户身份—开发者",新增绑定开发者。

个人主体小程序最多可绑定5个开发者,10个体验者。

未认证的组织类型小程序最多可绑定10个开发者,20个体验者。

已认证的小程序最多可绑定20个开发者,40个体验者。

第二,获取 AppID。

进入"设置—开发设置",获取 AppID 信息(见图 2-15)。

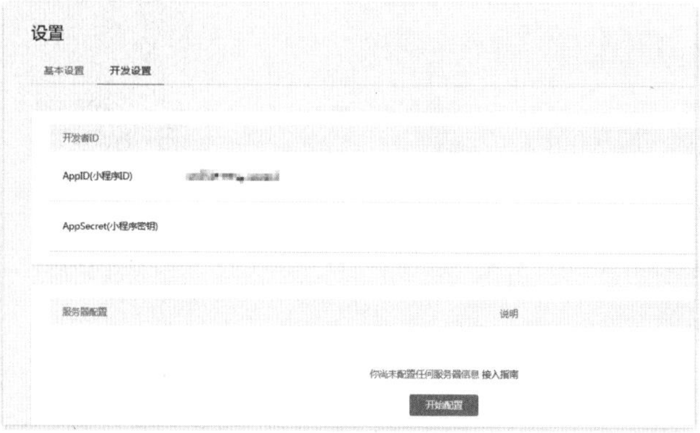

图 2-15　获取 AppID 信息

5. 代码审核与发布

第一,审核信息填写。

进入配置功能页面,填写重要业务页面的类目与标签,重要业务页面组数不多于 5 组(见图 2-16)。

图 2-16　填写审核信息

第二,提交审核。

登录微信公众平台小程序,进入开发管理,开发版本中展示已上传的代码,管理员可提交审核或是删除代码(见图 2-17)。

图 2-17　提交审核

6. 测试账号

小程序需要开发者提供测试账号才能完成审核体验。小程序在首次提交审核时将被打回,再次提交审核时将开放提供测试账号的入口,该入口将供开发者提供账号给微信审核人员审核微信小程序时登录使用(见图2-18)。

图 2-18　测试账号

7. 完成提交

提交审核完成后,开发管理页中审核版本模块会展示审核进度(见图2-19)。

图 2-19　完成提交

提示：开发者可参考《微信小程序平台常见拒绝情形》，详细了解审核标准。

8. 代码发布

代码审核通过，需要开发者手动点击发布，小程序才会发布到线上提供服务。
注意：内测期间，不可点击代码发布按钮。

9. 小程序申请微信认证

政府、媒体、其他组织类型账号，必须通过微信认证来验证主体身份；企业类型账号，可以根据需要确定是否申请微信认证；已认证账号可使用微信支付权限。个人类型账号暂不支持微信认证。

认证流程：登录小程序—设置—基本设置—微信认证—详情（见图2-20）。

图 2-20　认证

10. 小程序申请微信支付

已认证的小程序可申请微信支付(见图2-21)。

图2-21 申请微信支付

11. 小程序绑定微信开放平台账号

小程序绑定微信开放平台账号后,可与账号下的其他移动应用、网站应用及公众号打通,通过UnionID机制满足在多个应用和公众号之间统一用户账号的需求。

UnionID机制说明:如果开发者拥有多个移动应用、网站应用和公众账号(包括小程序),可通过UnionID来区分用户的唯一性,因为只要是同一个微信开放平台账号下的移动应用、网站应用和公众账号(包括小程序),用户的UnionID是唯一的。换句话说,同一用户,在同一个微信开放平台下的不同应用中,UnionID是相同的。用户的UnionID可通过调用"获取用户信息"接口获取。

了解"获取用户信息"接口请查看"开发文档—API—开放接口—用户信息"。

绑定小程序流程:登录微信开放平台(open.weixin.qq.com)—管理中心—小程序—绑定小程序。

注意:微信开放平台账号必须完成开发者资质认证后才可以绑定小程序。

12. 公众号关联小程序

公众号关联小程序后,可在"自定义菜单""模板消息""客服消息"等功能中使用小程序。图文消息中可直接使用小程序卡片、链接、图片素材,无须关联小程序。

关联规则:

①所有公众号都可以关联小程序;

②公众号可关联10个同主体,3个非同主体小程序,公众号一个月可新增关联小程序13次;

③小程序可设置无须关联确认,设置后,公众号关联小程序不需要小程序确认,单方操作即可关联成功;

④小程序可设置关联确认,设置后,公众号关联小程序需小程序管理员确认后才能关联成功;

⑤小程序可设置不允许被关联,设置后,公众号无法关联此小程序。

关联流程:登录公众号后台—小程序—小程序管理—添加—关联小程序(见图2-22)。

图 2-22　关联小程序

13. App 关联小程序

App关联小程序后,可从App跳转到微信,打开关联的小程序。在同一开放平台账号下的移动应用及小程序无须关联即可完成跳转,非同一开放平台账号下的小程序需与App成功关联后才支持跳转。

关联规则：

①只有已通过审核的App具备关联资格。

②一个移动应用只能最多同时绑定3个小程序，每月支持绑定次数3次。

同一个小程序可被500个移动应用关联。

关联流程：首先，登录微信开放平台（open.weixin.qq.com）—管理中心—移动应用，选择想要关联的App，点击查看。其次，点击"关联小程序"，对小程序进行关联。

微信官方给出的微信小程序注册和运营的规范旨在要求开发者和运营者在运营微信小程序时遵守微信小程序的价值观。

支付宝小程序注册及开发准备①

在支付宝开放平台官方网站的小程序页面（https://open.alipay.com/channel/miniIndex.htm），下拉网页页面至底，如图2-23所示，选择自己对应的身份，点击进行注册。

快速入驻 共创新商业

欢迎入驻支付宝小程序平台，与我们一起共建小程序生态系统

图2-23　支付宝小程序注册界面

从开发小程序到开展业务，需要经历的流程见图2-24。

_____

① 本节内容引自支付宝官方开发文档。

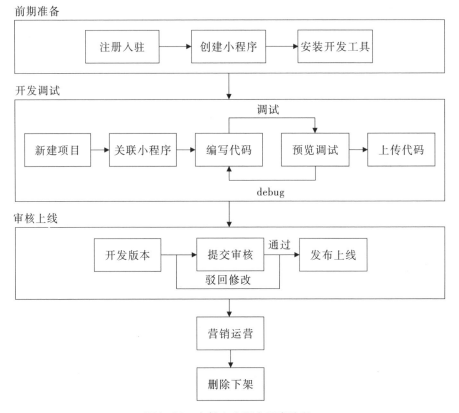

图2-24 支付宝小程序开发流程

支付宝小程序是一种全新的开放模式,它运行在支付宝客户端,是手机应用嵌入支付宝客户端的一种方法。支付宝小程序开放给开发者更多的JS API和Open API,也可以给用户提供多样化的便捷服务。支付宝小程序可以被便捷地获取和传播,从而为终端用户提供更优的用户体验。

支付宝小程序对企业账号及个人账号开放。创建小程序前需要完成注册和入驻成为小程序开发者。

◎ 注册支付宝账号

支付宝账号分为企业支付宝账号和个人支付宝账号,可根据需要进行注册。

◎入驻

根据支付宝账号身份选择入驻流程,即企业支付宝账号入驻或个人支付宝账号入驻。

企业支付宝账号入驻时,需使用企业支付宝账号登录支付宝开放平台。

◎选择入驻身份

目前小程序支持3种身份:自研开发者、系统服务商ISV、线下服务商(仅限企业用户)。根据身份可进行相应的业务,不同的身份提供了不同的功能权限,用户可根据实际情况选择,详情参考身份说明。

自研开发者:自己来开发小程序,开发者直接为用户提供服务。

系统服务商ISV:服务商为商家提供服务、生产小程序模板或代商家开发小程序,模板可发布到服务市场,商家通过服务市场来订购模板。

线下服务商:无须开发能力即可在支付宝开放平台上进行业务推广,如收钱码、红包码等。

如已入驻,可以进入"账户管理—合作伙伴管理"扩展身份(见图2-25)。

图2-25 扩展身份

◎创建小程序

需要注意的是一个开发者账号下最多可以创建10个小程序;未曾提交审核的小程序可以删除,删除的小程序不在计数范围内。

第一步,进入小程序首页,点击"立即接入",使用支付宝账号登录,进入"我的小程序"。

若账号从未创建过小程序,点击"开始创建",填写小程序相关信息,完成创建流程(见图2-26)。

图2-26　"我的小程序"

若账号有已创建的小程序,点击"创建"来创建新的小程序(见图2-27)。

图2-27　创建新的小程序

第二步,填写基本信息并提交。

填写小程序名称(参见《小程序应用名称规范》),即可快速创建小程序;其他信息可在研发过程中或提交审核时补充完整,也可在创建时填写完整的小程序基本信息(见图2-28)。

图2-28　填写基本信息

准确填写小程序的基本信息,基本信息需符合《小程序审核规范》。

小程序信息修改规则如下:

上架前,小程序信息均可修改,不限次数;

上架后,小程序名及小程序英文名均不允许修改。

小程序简介、小程序描述、小程序类目这3个信息在新版本提审时可修改,但每个自然月仅可修改5次;其他信息在新版本提审时均可修改。

完成入驻与小程序创建后,正式开发小程序之前需要下载并安装小程序开发者工具。

小程序开发者工具是辅助开发支付宝小程序的本地应用工具,包含本地调试、代码编辑、真机预览、发布等功能,覆盖了应用开发的完整流程。

下载时请根据操作系统选择对应的开发工具:Windows 64位操作系统或MacOS。其他操作系统下暂时未提供开发工具。

◎ 小程序提交审核、发布流程

支付宝小程序提交审核、发布的流程(见图2-29、图2-30)。

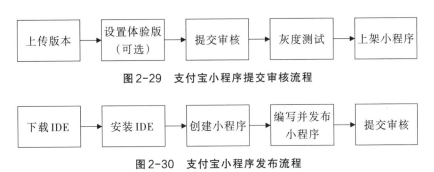

图2-29　支付宝小程序提交审核流程

图2-30　支付宝小程序发布流程

具体步骤如下:

①下载IDE。

下载开发者工具IDE。根据操作系统,选择对应的Windows或MacOS版本。

②安装IDE。

安装IDE,安装完成后可以看到,IDE提供了丰富的模板小程序供用户使用。

③创建小程序。

完成注册及开发者入驻之后,使用支付宝账号登录"小程序开发者中心",开始创建小程序,填写小程序名称。

④编写并发布小程序。

打开小程序"开发者工具",点击"新建项目",确保左侧栏选中的是"支付宝小程序"。

填写"项目名称""项目路径"和"后端服务",点击"完成"即创建了一个小程序项目。

在IDE中编写小程序,使用模拟器进行效果预览编写完成后,点击"上传"按钮,即提交了一个新版本的小程序。

⑤提交审核

进入"小程序开发者中心",在"我的小程序"中,点击打开对应的小程序,在"开发管理"中,查看"版本详情",并提交审核,进行提交前自检。

按照要求,填写小程序上架详细信息。提交审核,等待审核结果即可。

◎支付宝小程序服务类目

支付宝小程序开放的一级服务类目同样包含企业和个人。不同于微信小程序,支付宝小程序侧重点在生活服务类,对一级服务类目更为细分。

一级服务类目包含百货商城、承包商(农业、建筑、出版)、家居家纺建材、教育服务、美妆珠宝配饰、生活服务、维修服务、药品医疗,商业服务、公共事业、无人值守服务、饮食保健、公共交通、航空票务、旅行住宿、物流仓储、金融服务、汽车租赁和服务、服饰鞋包、母婴玩具、数码家电、文化玩乐宠物、运动户外、电信通讯、娱乐票务、医疗服务、政府服务、专业咨询、汽车和运输工具、快递与邮政等。

一级个人经营小程序类目包含生活服务、餐饮、旅游、快递业与邮政、体育、个人技能、商业服务等。

百度智能小程序注册及开发准备[①]

◎登录与注册

打开智能小程序官方网站(https://smartprogram.baidu.com),点击首页右上方"登录"按钮(见图2-31)。

图2-31 百度小程序界面

目前支持百度账号及百度商业账号登录。

百度账号:可以使用百家号、熊掌ID非个人类型的账号快速入驻。

百度商业账号:可以使用百度推广、百青藤、百度电商账号直接登录。

◎主体类型选择

点击"下一步"进入主体信息提交环节(见图2-32)。

---

① 本节引自百度智能小程序官方开发文档。

见图2-32　点击"下一步"

目前支持的主体类型:媒体、企业、政府和其他组织。暂不支持个人主体类型开发者入驻(见图2-33)。主体类型一旦选择后将无法更改。

图2-33　主体类型

◎ 主体信息填写

以企业为例:

第一步,填写企业信息和运营者信息(见图2-34、图2-35)。

图2-34　填写企业信息

图 2-35　填写运营者信息

第二步,填写完成后请点击提交,等待审核。

每个账号有 5 次提交审核机会,如 5 次审核均未通过,就无法提交。

审核通过,将直接进入小程序开发者后台。审核被拒绝,请参考拒绝原因点击"返回修改"后重新提交主体认证信息,如有疑问请咨询客服。

◎ **真实性认证**

什么是真实性认证?

主体真实性认证是为确保智能小程序账号信息的真实性、安全性,对企业、机构、媒体等主体进行的认证服务。

该环节主要用于验证主体的真实性,为不影响开发进展,可暂时跳过此步骤直接创建小程序,并在小程序开发过程中的任意时间完成真实性认证,真实性认证状态将影响提交代码包及发布上线。

真实性认证流程:登录智能小程序平台,单击顶部导航"管理中心"进入小程序管理界面(见图 2-36)。

图 2-36　智能小程序管理界面

　　针对各主体类型的特性,百度提供以下不同的验证方式,可以根据主体特性任选一种(见表2-3)。

表2-3　验证方式

主体类型	验证方式
媒体	企业媒体:对公验证 组织媒体:对公验证或证照验证
企业	企业:对公验证 个体工商户:对公验证法人人脸识别
政府	对公验证
其他组织	对公验证或证照验证

　　选择对公验证时,首先点击"对公验证",进入对公打款页面(见图2-37)。

图2-37　对公打款页面

　　其次,填写企业对公银行开户信息(见图2-38)。

图 2-38 填写开户信息

最后,登录查询银行对公账户回填正确的打款金额进行验证(见图2-39)。

图 2-39 金额验证

证照验证仅适用于组织媒体、其他组织,具体界面见图2-40。

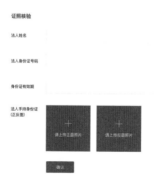

图 2-40　证照验证界面

法人人脸识别仅适用于个体工商,具体界面见图2-41。

图 2-41　法人人脸识别界面

◎ 完善基本信息

主体认证审核通过后,用户可先操作"创建智能小程序",填写智能小程序名称、简介,上传头像并选择服务范围。如果选择特殊行业,还需根据界面提示提交相应资质材料(见图2-42)。

图 2-42　创建智能小程序

关于小程序名称,请参考平台运营规范。若填写的智能小程序名称涉及品牌或名称侵权需提交相关资料进行审核(见图2-43、图2-44),审核预计需要2个工作日才能完成,在此期间不会影响小程序的开发。

图2-43 小程序名称

图2-44 提交审核材料

◎服务类目

填写相关信息后,还需根据界面提示上传所需资质文件,具体见图2-45。

图2-45　上传资质文件

　　小程序创建完成后,无须等待服务类目审核完成,即可登录智能小程序开发者后台。打开"智能小程序首页—设置—开发设置",查看智能小程序的AppID,以便尽快进入开发环节。

　　服务类目状态将影响小程序发布,因此用户需要在开发完成前确保服务类目审核通过。

◎开发前准备

1. 成员管理

　　登录智能小程序平台,进入"成员管理",添加智能小程序项目成员并配置成员权限,一个智能小程序只能添加一名管理员(见图2-46)。

图2-46　成员管理界面

2. 获取 AppID

进入"平台首页—设置",获取 AppID(或智能小程序 ID)、App Key、App Secret(或智能小程序密钥)(见图2-47)。

图 2-47　获取 AppID

3. 配置服务器

在开发设置页面查看 AppID 和 AppSecret,配置服务器域名(见图2-48)。

图 2-48　配置服务器

4. 开发工具

下载开发者工具进行代码开发和上传(见图2-49、图2-50)。

图2-49　代码开发

图2-50　代码上传

5. 代码包审核

当开发完成后可从开发者工具中点击发布、上传代码包,在开发者后台"开发管理"模块点击"提交审核"按钮完成代码包的提交(见图2-51、图2-52)。

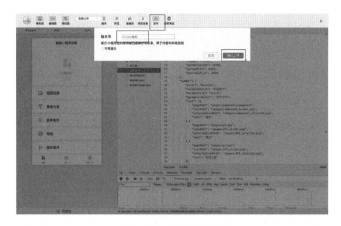

图 2-51 上传代码包

图 2-52 完成提交

用户可以从系统通知中了解代码包的审核结果,如有任何疑问,也可以点击界面右下角的"问题咨询"与客服直接取得联系(见图 2-53)。

图 2-53 结果查询

◎**发布上线**

提交审核前需确保完成以下2个步骤,否则小程序将无法提交代码包及发布上线。

①真实性认证审核通过。

②服务类目审核通过。

在开发者后台可点击"发布"按钮完成小程序上线发布操作(见图2-54)。

图2-54　上线发布

字节跳动小程序注册及开发准备[①]

◎**注册账号**

在字节跳动开发者平台官方网站(http://microapp.bytedance.com)中点击右上角的"快捷登录"进行账号注册或登录(见图2-55)。

---

① 本节引自字节跳动官方开发文档。

图2-55 小程序主界面

◎申请小程序

注册账号成功后,系统会自动提示进行小程序申请。点击"申请"按钮,即可进入小程序申请页面(若此次未申请,之后可通过页面中的"进入开发者平台"按钮进入)(见图2-56)。

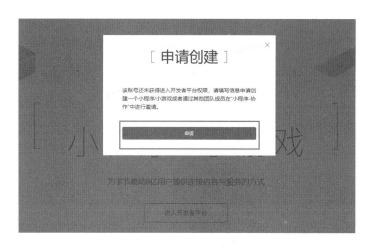

图2-56 申请创建小程序

在该页面的"选择类型"条目下选择程序类型,后续内容根据具体情况再行补充。

小程序申请发出后,字节小程序将在2个工作日内通过用户注册时的手机号及邮箱给予答复。若收到邀请信息,说明产品已经通过,可以在后台进行接入。

需要注意的是,注册后该账号就是后续提交小程序的账号,手机号等信息需要如实填写。

在必填信息中,申请注册的公司主体信息需要填写完整,不要填写简称,小程序简介尽量与产品功能相关(后续可修改)。

在选填信息中,尽量不要空白,需要如实填写相关情况。

◎ **创建小程序**

登录账号后,点击"进入开发者平台"(见图2-57)。

图2-57　进入开发者平台

点击"创建小程序",即进入图2-58所示页面,按提示输入相关内容。

图2-58　创建小程序

点击"下一步"之后需进行账号、手机动态验证,验证成功后即可进入小程序后台。

特别注意:基本信息中的分类请如实填写,否则将影响小程序的推荐精准度;小程序服务类型请如实填写,不同类型需上传不同的服务资格证明。

◎ 主体认证

创建完成后,进入小程序总览页,点击"去认证",进行主体认证(见图2-59)。

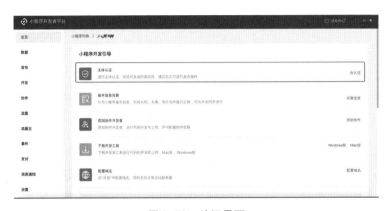

图2-59　认证界面

字节跳动小程序支持的主体身份类型有企业开发者和个人开发者。因为身份被选择后,不可进行修改,所以开发者需要根据自身情况谨慎选择(见图2-60)。

图2-60　主体身份类型

1. 企业开发者

首先,填写管理员个人信息和企业信息(见图2-61)。

图2-61　企业信息

其次,填写审核联系人信息及发票信息。企业认证审核服务费可开具票面内容为"技术服务费"的增值税普通发票(电子票),发票抬头为当前认证公司全称(不可更改)(见图2-62)。自缴费之日起30个工作日内开具,发送到用户预留的邮箱。

图2-62　企业开票

再次,支付审核费用,进入审核流程。企业开发者需支付300元/次的审核服务费用。这是用户基于字节跳动提供的资质审核服务而支付的一次性费用,用户每申请一次认证服务就需要支付一次审核服务费。无论认证成功或失败,都需要支付审核服务费。审核结果将在1—3个工作日内反馈给开发者。审核期间,可正常开发、配置小程序信息。

2. 个人开发者

个人开发者只需填写管理员信息,然后等待审核结果,结果将在1—3个工作日内反馈给开发者。审核期间,可正常开发、配置小程序(见图2-63)。

图2-63　个人开发者认证界面

◎开发前准备

1. 添加管理员、协作者

进入"协作栏",点击"添加"按钮即可添加管理员、协作者,点击"添加"按钮之后会出现邀请页面(见图2-64)。

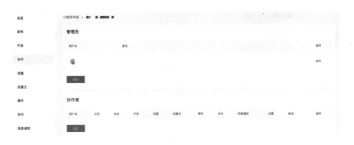

图2-64　添加管理员、协作者

没有注册过的用户可通过邮箱邀请,通过以下权限管理选择给其添加的权限,点击"完成"则添加成功,受邀者邮箱会收到信息,从邮箱点击进行操作即可。

2. 获取 AppID、AppSecret

登录字节跳动开发者平台,选择需要获得的小程序,进入对应的小程序"开发"栏,进行开发(见图2-65)。

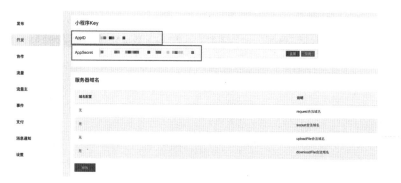

图2-65 获取 AppID、AppSecret

3. 设置服务器域名

击"开发"栏后,即可看到服务器域名配置区域(见图2-66)。

图2-66 设置服务器域名

没有注册过的用户可通过邮箱邀请,通过以下权限管理选择给其添加的权限,点击"完成"则添加成功,受邀者邮箱会收到信息,从邮箱点击进行操作即可。

2. 获取 AppID、AppSecret

登录字节跳动开发者平台,选择需要获得的小程序,进入对应的小程序"开发"栏,进行开发(见图2-65)。

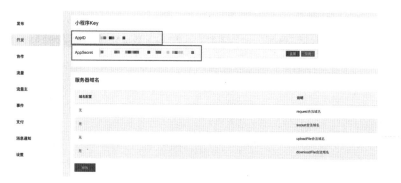

图2-65 获取 AppID、AppSecret

3. 设置服务器域名

击"开发"栏后,即可看到服务器域名配置区域(见图2-66)。

图2-66 设置服务器域名

企业资质的开发者可以开通webview域名（必须通过域名校验）（见图2-67）。

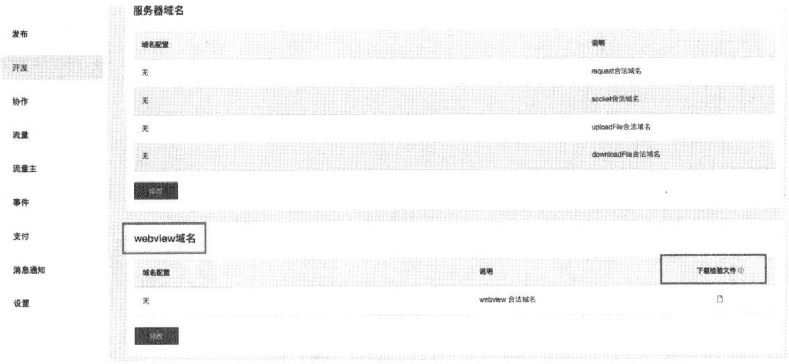

图2-67　开通webview域名

4. 开通支付

回到开发者平台，进入小程序详情页，点击"支付"，企业资质通过后可申请
开通支付（见图2-68）。

图2-68　开通支付

◎ 开发与调试

1. 开发

用户可直接使用小程序开发者工具进行开发，开发者工具的具体说明可查
看官方开发文档。若有问题，也可在字节跳动开放社区中进行查询或反馈。

2. 调试流程

当小程序更新完成后,将会生成对应的二维码,可扫码进行真机调试(见图2-69)。

图2-69 扫码调试

真机调试步骤如下:

①手机重新安装今日头条线上最新版,关掉进程重启,打开App左右滑动tab页,正常浏览App几秒;

②使用安装测试App的手机扫码(测试某个应用,则使用对应的应用扫码),扫码后Android系统下使用Chrome,iOS系统下使用Safair打开对应网址,点击打开小程序即可唤起,请务必使用Chorme或Safair,不然不能正常唤起。

注意事项:

①如果打不开小程序,请关掉进程,重启App再试一次,若还有问题,请去开放社区反馈;

②如果显示App版本不支持,建议确认App版本,以及手机内是否有多个字节跳动的App,建议全部卸载后重新安装;

③如果提示系统版本不支持,建议检查手机系统版本,Android系统需大于等于5.0版本,iOS系统需高于9.0版本,才能支持调试。

◎登录及获取用户信息

如果需要获取用户信息(getUserinfo,文档:获取已登录用户的相关信息),调用之前那请务必使用login(文档:获取临时登录凭证)。

由于字节跳动用户可能存在未登录情况,所以在使用login及getUserinfo

时,需要兼容未登录用户的情况,避免出现未登录用户反复弹出登录框,不能进入小程序的情况。

请依据你的小程序设计需要来合理选择是否调用获取 getUserinfo。

另有部分功能接入说明如下:

①内容安全检测:有评论等功能的小程序开发者请重视。

②游客登录功能:开场调用登录行为时,force 传 false 将不会调起登录框。

◎ 审核流程

1. 上传

当测试完成后,小程序的功能和体验都较为完整时,在开发者工具中点击"上传"按钮,一键上传代码包(见图2-70)。

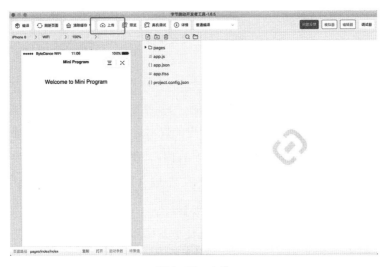

图2-70　上传

2. 提交审核

在开发者工具中完成上传后,登录开发者平台,可以在小程序详情页的"发布"中查看到上传的测试版本,填写当前版本信息并上传3张小程序内容截图,完成提交审核,审核将会在1—2个工作日内完成。

需要注意的是,版本号应符合字节跳动小程序运营审核规范。

开发者可以在"审核版本"中看到正在审核的小程序版本及审核状态,若审核未通过,会显示未通过原因(蓝字为相关截屏和截图信息)。审核状态显示通过后,方可发布小程序上线(见图2-71)。

图2-71　提交审核

小程序在提交审核前会有自测环节,为了保证通过率,开发者可以在提交审核前通过自测环节进行自查。

在审核过程中,开发者应遵循后台中的提示进行操作补全对应信息。

小程序首次上线前的审核都需进行qa回归,预计在1—2个工作日内。

当小程序提审后,务必于后台配置"安全域名",不然将影响小程序上线,安全域名必须为"https://"。

目前的审核是基于双端审核,即今日头条端和抖音端,若只需上线一端,需要在更新日志中备注清楚,方便加快审核速度。

◎ 发布小程序

审核通过后,"发布"按钮亮起,开发者点击"发布",小程序即可上线(见图2-72)。

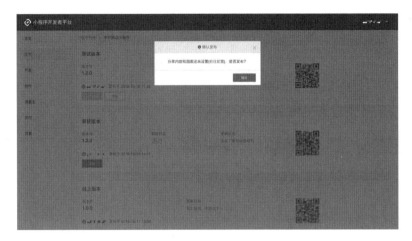

图 2-72 确认发布

1. 设置搜索关键词与分享

当发布未配置搜索关键词与分享内容版本时,会弹出提示与跳转地址,点击"前往配置"。

如果已有搜索关键词和分享内容,想要查看或进行修改,可以在小程序详情页中的"设置"进行相应的配置,需要注意的是提交的搜索关键词应符合小程序关键词搜索(见图2-73至图2-76)。

图 2-73 分享设置

图 2-74 修改设置

图 2-75 搜索关键词

图 2-76 设置搜索关键词

◎发布上线

通过审核并且配置过搜索关键词与分享内容的版本,在"审核版本"中点击
"发布"即可将小程序发布至线上(见图2-77)。

图2-77　发布至线上

之后,可以在小程序列表中看到相应小程序的线上版本号(见图2-78)。

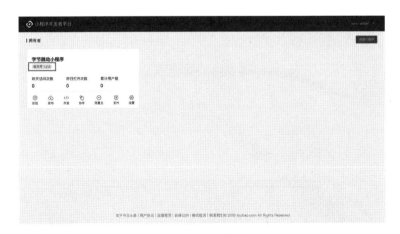

图2-78　查看版本号

03

第三章　颠覆

CHAPTER 3　SUBVERSION

03

03

小程序是移动互联网发展的必然产物

中国的互联网经过多年的发展,已经处于世界互联网发展的第一阵营,人口红利带来互联网高速发展,过去几十年所取得的成绩让世界对中国刮目相看。在工业时代落伍的中国将借助互联网时代实现弯道超车。

在信息爆炸的移动互联网时代,作为独立个体的人,在一天时间内通过移动互联网所接受的信息是50年前的几十倍。内容产出和信息接收的通道越来越顺畅,最初的互联网叫作信息高速公路,这张信息高速公路网经过几十年的编织,已经发展成包罗万象、错综复杂的立体交流系统,人类第一次借助互联网实现了"地球村"的概念,不再遥远的世界在互联网时代精彩纷呈。

但是任何事物都摆脱不了发展的客观规律,有有价值的产出就会有无效的应用,对于消费信息与应用的个体来说,由海量的数据组成的互联信息,有营养大餐也有垃圾食品。信息和应用的爆炸所带来的百花齐放,让人应接不暇。

美国作家凯文·凯利的《必然》中有一句话:"每年,我们生产出800万首新歌,200万本新书,1.6万部新电影,300亿个博客帖子,1820亿条推特信息,4万件新产品。"看到这句话时,你是否会有些惊讶? 显然,我们目前正处在信息过剩的时代,而不是信息缺乏的时代,我们每天刷着微博,看着朋友圈,无时无刻不在获得信息。因此,我们首先要学会的不是去获得信息,而是要学会使用信息。

◎ App 是一项划时代的发明

1. 手机操作系统

App 是手机软件,主要是指安装在智能手机上的软件,以完善原始手机系统的不足与个性化。

手机软件的运行需要有相应的手机系统,截至 2017 年 6 月 1 日,主要的手机系统有苹果公司的 iOS 系统和谷歌公司的 Android 系统。[①]

2. App 的发展历史

早在 20 世纪末,手机 App 就已经问世了。不过早期的手机 App 就跟早期的电脑一样,笨重且难使用,而且并没有应用于日常的生活中。

手机的发明,让 App 应用走上了巅峰。随着科技的进步,App 从最初的只能通话、发信息,到后来的支持阅读浏览、收发邮件,甚至实现一些基础的办公,最后,出现了一个又一个不同类型的 App。手机的进化不仅仅是从按键到触摸,更是内核及运行系统的迅速更新。

Web 最初出现的时候,可以说仅仅是颠覆了传统传媒业,颠覆了新闻业,但是后来,java applet、flash、java、slivelight、flex……各种技术的出现,改变了人们发布与部署 App 和 Software 的方式,虽然悄无声息,但绝对是软件开发方式的一次革命。

App 是什么? App 是怎么来的? App 的应用和功能是什么?

2000 年以来,全球信息通信科技呈现一片蓬勃发展的势头。以摩托罗拉、

---

① 资料源于百度百科。

诺基亚、爱立信等当年的手机巨头为例,不同品牌的手机纷纷更新换代,使手机运行从2G迭代到3G,同时手机的外形设计也从按键式逐渐变成了触摸式。

触摸式手机的发明,使App的质量与数量发生了巨大的变化。2007年,苹果公司重新定义了智能手机,推出第一代iPhone,这种仅有一键操控的划时代产品,让人们的生活悄然发生了变化。

2008年,苹果推出iOS系统环境下的App Store,最初只有500个App应用。就在同一年,HTC公司诞生了史上第一款Android系统手机G1。自此Android手机中的App应用软件就开始了Android系统下的井喷式发展。

在这个时期,有很多App都盛极一时,但消失得也快。这种现象甚至还衍化出一个特有的名词,叫作"现象级"。

每天都有大量的App宣布上线,同时也有大量的App昙花一现,淹没在App的汪洋大海中。现在很多人已经不再拿着钱包上街了,一部手机、几个App就可以自在享受生活,人们对手机和App的依赖性也越来越强,出门不可不带手机成了现代人的习惯。

虽然越来越多的App给予了人们更多的选择,但也让用户患上了严重的选择恐惧症。App的混乱状态也亟待重新梳理、构建。

App已经进入发展的瓶颈期,超级App把控着中国互联网90%以上的流量。在以流量为王的互联网时代,流量就是一家互联网公司的命脉,把控了流量入口就代表把控了通往罗马的大路。高度集中和垄断的流量给后来者筑起一堵高墙。翻墙而过还是战死墙角,这是每一家新兴互联网公司要面临的抉择。

梳理一下中国互联网巨头的流量构造即可发现,第一流量梯队基本上瓜分了90%以上的份额。站在流量层面上,我们姑且把第一流量梯队称为"四大家族"。

◎腾讯——社交流量大户

提及互联网流量,不得不说的便是腾讯,其坐拥国内两大社交平台,流量优势不言而喻。

2018年，QQ月活跃用户数达到8.03亿，比上一年同期下降5.5%，但QQ智能终端月活跃用户数达到7.09亿，比上一年同期增长7.0%。再看微信方面，微信和WeChat的合并以至月活跃用户数达到10.58亿，比上一年同期增长9.9%。

◎ 阿里——支付流量大户

跟腾讯不同的是，阿里在流量层面的优势主要体现在电商上，其不仅培育了淘宝和天猫平台，而且在移动支付用户数量方面"称霸"全球。

2018年，支付宝的活跃用户数达8.7亿，是全球最大的移动支付服务商，这是支付宝首次公布其全球活跃用户数量。淘宝的活跃用户数也达到5亿多，加上支付宝，阿里的流量数应该达到10亿多。

◎ 百度——搜索流量大户

在搜索方面有优势的百度，一直是国内最大的搜索引擎，多年以来积累了不少用户。不仅如此，百度的好看视频App，仅上线几个月，用户数便已经达到1亿。

2018年，手机百度的日活跃用户数达到了1.48亿，同比增长13%。在AI技术的强势推动下，百度的搜索首条App直接满足需求比例达37%，配合百度"熊掌号"的优质内容，百度为开发者、企业、用户打造了更先进的模式与体验。

◎ 微博——话题流量大户

作为热门话题的发酵地，微博一直是新鲜事的讨论聚集地，尽管和BAT的流量承托力没办法比，但也集合了不少用户。

2018年，微博月活跃用户数增至4.31亿，同时，微博日活跃用户数增至1.9亿。

◎ 字节跳动——迅速崛起的综合门户

尽管抖音和今日头条等App属于母公司字节跳动，但是今日头条的名声早已高过母公司及其他几个App。

据了解,2019年,今日头条的用户数量已经达到7亿多,除了今日头条之外,抖音也是迅速崛起的流量支柱。抖音官方数据显示,截至2019年,抖音的国内日活跃用户数已突破5亿。

除此之外,美团、滴滴等互联网企业流量均在亿级之上,具体的数据还在上浮。不可否认,深耕多年之后BAT仍然是流量最大的巨头。具体如表3-1所示。

表3-1 2019年某月份主流App月活跃用户数据

排名	应用名称	类别	月活跃用户数(万)	月环比(%)
1	微信	社交	101111	2.25
2	支付宝	金融	60755	0.47
3	QQ	社交	60014	1.69
4	淘宝	移动购物	38774	−2.76
5	百度	系统工具	34403	9.74
6	Wi-Fi万能钥匙	系统工具	32294	4.21
7	抖音短视频	视频	30361	7.42
8	爱奇艺	视频	27409	6.79
9	腾讯视频	视频	24595	1.12
10	今日头条	资讯	22683	−1.45
11	快手	视频	21811	10.72
12	QQ浏览器	系统工具	21569	−2.85
13	微博	微博/博客	20836	15.04
14	酷狗音乐	音频/娱乐	20697	0.52
15	拼多多	移动购物	17041	0.12

超级App是中国移动互联网的特有产物,人口流量的红利支撑着互联网发展上半场。互联网巨头依靠开发多款App进行矩阵式的争夺流量,完成"跑马圈地"运动。随着移动互联网的发展,人口红利在慢慢消失。用户增长的停滞倒逼巨头企业必须把战略重点转移到对用户使用产品的时长上,于是精耕细作便成为互联网的主题。

　　腾讯、阿里、百度、字节跳动分别代表着社交、电商、搜索、内容4个维度。虽然他们的发展各不相同，但最终都会走向生态这个终点。如今四大巨头纷纷布局于小程序，说明小程序已经成为现阶段移动互联网发展的必然选择。

　　依托于超级App小程序可以连接C端和B端，为C端用户提供服务，为B端用户提供工具及场景化需求，小程序的这种属性已经成为连接C端和B端的天然纽带。

小程序的颠覆性创新

◎无须安装、下载

　　从PC互联时代到移动互联时代，任何应用都必须借助渠道进行下载和安装。这种最传统的获取方式越来越不适应飞速发展的互联网时代。小程序打破了下载才能使用、卸载才能清除的固有方式，无须安装打破了传统应用的壁垒，小程序从两个方面改变了传统App的获取方式。

　　1. 无须下载、安装改变了应用的获取方式

　　一个二维码，或者一个推荐就可以得到一个应用，快捷、高效、方便。传统App需要从应用商店或者第三方渠道进行下载、安装才能开始使用。小程序从本质上改变了应用的获取方式，用户扫一扫或者搜一下就可以实现快捷使用应用的梦想。

　　在越来越高速化发展的现代社会，人们的时间也被切割成更多的碎片，越来越快的工作和生活节奏，以及越来越多元化的需求对于移动互联应用提出了更高的要求，纷繁复杂的应用让用户在选择和使用中耗费了更多精力，于是更为便捷、快速的小程序应运而生。

　　张小龙在微信公开课上对小程序"用完即走"的理念做阐释的时候说道：

一个好的软件、一个好的工具应该是让用户"用完即走"的。后来（我）发现很多朋友，包括一些业内人士都会来笑话我们，说因为微信有足够多的用户，有足够强大的用户黏性，所以你们可以这样说，但是对于其他的产品来说，大家会觉得怎么样粘住用户，怎么样让用户不要离开才是他们追求的目标。我想，这里可能对于用完即走有一个很大的不理解，或者说误解。

在我看来，这里有一个很简单的逻辑，这个逻辑可以推理出这样一个结果，我认为，任何一个工具都是帮助用户提高它的效率的，用最高效率的方法去完成它的任务，这是工具的目的、工具的使命。

让用户更为简单、快速地找到应用，成为小程序的核心卖点。解决用户的后顾之忧也是小程序的一大亮点。

这种颠覆性的创新让小程序变得"平易近人"，特别是在满足即时应用型的需求上，小程序的这种优势体现得更为明显。

2. 不占空间

小程序无须安装最大的好处就是能够帮用户节省手机的内存空间，常用的App占用手机空间非常多，特别是大型的App。在手机内存有限的情况下，小程序不占空间的特点大大减轻了移动硬件设备的负担。小程序首先替代的是低频使用的App，随后会替代入口比较深的App。

微信对于小程序有严格的缓存管理机制，每一个小程序的缓存最大值是10M，也就是说，使用一个小程序最多只能占手机10M的内存。从某种程度上来讲，这也是为用户创造了价值。

小程序所占的空间主要包括以下两个方面的内容：

①首次加载小程序时，从服务器上下载的小程序本体；

②小程序在运行过程中存放于本地的数据。

不过以上两个方面所占的空间非常小。以微信小程序为例，微信官方限制了小程序的大小,大小超过2MB的小程序在提交审核的时候会被拒绝。另外,小程序在运行过程中所产生的缓存数据也被严格控制在10MB之内。也就是说,小程序占用内存(小程序本体的大小+缓存的数据)不会超过12MB。这和动辄占用几百兆的App相比,基本可以忽略不计。

释放手机空间,让手机更为高效,承载更多应用是小程序重要的作用。

3. 小程序没有订阅量

消息的推送和订阅是连接商家和用户的纽带,在互联网虚拟世界里,培养用户黏性的方式就是消息推送和订阅。但是小程序切割了这个功能,让它完完全全回归到工具的本质属性上来。

少打扰用户,甚至不打扰用户成为小程序的追求。用的时候才出现,不用的时候绝不打扰,让其"有用"的价值最大化。

张小龙介绍小程序时称,小程序没有订阅关系,没有粉丝,只有访问,只有访问量,"因为粉丝并不意味着访问,并不是说你有足够多的粉丝就有足够多的访问量。对于小程序也是一样,只有访问的关系"。

小程序不是基于流量分发的方式来获取用户的,小程序是用户需要的时候才出现,而不是不需要的时候被推荐。张小龙表示,微信更多是一种社交推荐,小程序也是一样。"我们不会因为你已经使用了一款学英语的小程序而不去给你推荐其他学英语的小程序。"

◎ 小程序的十大创新能力

1. 小程序转发分享

用户可以将小程序通过小程序页的形式分享给好友和微信群,便于用户直达服务。

2. 微信客服

小程序内一键接入微信客服,与绑定的微信运营者直接微信沟通,促成电商交易和服务沟通。

3. 带参数二维码

一个小程序,可以根据页面、场景生成不同的小程序二维码,完成服务的追踪。

4. 小程序搜索

设置小程序页的关键词,让用户快速搜索到小程序服务,相比于百度的网页搜索,小程序搜索实现了真实的服务搜索。

5. 扫普通链接二维码打开小程序

方便小程序开发者更便捷地推广小程序,兼容线下已有的二维码,微信公众平台开放扫描普通链接二维码跳转小程序能力。

6. 公众号菜单打开小程序

通过微信公众号的菜单,直接跳转到微信小程序,实现内容媒体和服务的关联转化。

7. 附近的店

打开微信,搜索附近的店,即可快速到达身边的小程序服务,不必再用其他App来搜索店铺了。

8. 蓝牙连接

微信小程序直接连接附近的蓝牙设备,实现智能硬件的互通。

9. App分享消息卡片

手机 App 可以分享对应的小程序页到微信,实现微信用户直达小程序服务,省去 App 的安装下载步骤。

10. 小程序与微信交互

微信小程序将微信自身卡券、地址关联与第三方小程序互通资料,为电商及服务环节铺路。

小程序的优势

◎去中心化

维基百科将去中心化(Decentralization)描述为互联网展开过程中构成的一种社会联络形状和内容产生形状。任何人都可以在网络上创造内容、发展观念,出产可供消费的信息不再是专业媒体或网站的特权,用互联网的"黑话"来说,就是从专业制作内容(Professional Generated Content,PGC)变成了用户生成内容(User Generated Content,UGC)。

小程序的去中心化主要表现在3个方面。

第一,入口的去中心化。

微信平台中并没有特定的小程序入口和推送中心,用户需要小程序服务时,可以通过线下扫描二维码或者在微信系统中以精准搜索的方式进入。如此,小程序入口便是一种去中心化的形式,用户完全可以自主选择小程序入口。

第二,应用体验的去中心化。

小程序不仅在入口方式上表现为去中心化,在具体的应用体验上也同样如此。当用户搜索过或使用过某个小程序时,这个小程序便会出现在相应的列表中,即在微信系统上拥有了一个应用入口。不过,这一入口并不需要下载、安装、卸载,而是可以用完即走,从而为用户提供一种去中心化的体验。

第三,应用本身的去中心化。

小程序本质上也是一个应用,只不过与以往的品牌应用客户端相比,小程序的应用是一种去中心化的应用,即只保留各品牌最核心的产品或服务,将其他的多元化中心去除,以此大幅度提高用户效率。从这一角度而言,小程序对凸显、优化企业品牌的核心竞争力和价值有着重要作用。

小程序的出现有着客观的现实商业诉求:众多App客户端的流量争夺越发激烈,商家或品牌需要拓展新的流量获取方式和渠道,特别是对于中低频使用的App更是如此。同时,微信公众号或服务号只能进行内容分享和推送,但在流量变现方面无能为力。基于此,小程序对两者进行了融合和升华,通过社交与商业的融合为企业带来了新的价值想象空间。

从国内互联网四巨头BATT的竞争态势来看,互联网商业竞争就是流量、社交、支付和内容4个方面的比拼。目前已经形成了百度基于搜索、阿里基于电商、腾讯基于微信和QQ、字节跳动基于内容生产和传播的生态格局。

同时,正如阿里借助2016年春晚的红包营销策略渗透到腾讯的主要领域社交一样,微信也通过一系列有效措施成功打开了阿里主导的移动支付市场。四大巨头之间的业务渗透与争夺从未停止,最终都是想实现流量、社交、支付与内容的全方位布局。

就微信而言,经过多年积累使其拥有了超过10亿用户数的庞大流量,再加上对支付市场的成功布局,如何实现商业化便成为其下一步发展的首要战略目标。不过,微信的定位一直都是在社交生态平台,缺乏有效的商业路径和场景。

微信以往的商业化路径主要是打广告或与商家合作开发专门的微信入口,但与微信的社交用户规模相比,这些商业动作便显得有些"小打小闹",很难真正发挥出微信的用户资源优势,将流量红利转化为商业价值。不仅如此,当前的订阅号、企业服务号等也更多的是聚合流量,同样难以将庞大的用户资源转化成商业优势。

小程序则有效地解决了微信的商业化痛点。小程序应用能够将微信平台庞大的用户资源快速导流到商业化场景中,从而帮助微信突破社交束缚,打通社交生态圈和商业生态圈,实现商业化的战略目标。

可以预见的是,借助小程序服务,微信将真正发挥出自身在社交用户资源方面的巨大优势,借助社交生态圈和商业生态圈的贯通,为自身的商业化发展、品牌营销和企业的价值创造更广阔的想象空间。

在互联网新经济时代,企业的任何行为都是以商业化为动机和宗旨的,小程序应用也是如此。虽然当前来看小程序是一个基于云端数据搭建的开放性的服务入口,具有无须下载、用完即走的优势,但随着其不断发展成熟,商业化也将成为必然诉求。

◎核心功能媲美原生App,开发成本低

小程序除了拥有低开发成本、低获客成本及无须下载等优势外,在服务请求与用户使用体验方面都进行了较大幅度的提升,能够承载更复杂的服务功能,并使用户获得更好的体验。

从技术上来说,小程序使用HTML5技术,微信小程序的内部结构和网页类似,小程序提供了丰富的API,节省了开发者大量的时间。小程序与原生App的对比见表3-2。

表3-2　小程序与原生App的对比

类　　目	小程序	原生App
开发成本	开发成本低	开发成本高
开发周期	平均开发周期为2周	一款完善的双平台App平均开发周期为3个月
手机适配	一次开发,多终端适配(跨平台)	耽搁开发,需要适配各种主流手机
功能实现	限于平台提供的功能低频,轻量级,功能较单一	业务繁杂、高频
用户群体	面向所有平台用户,月活基本覆盖全网用户	面向所有智能手机用户
内存占用	无须安装,和平台公用内存,占用内存非常小	安装于手机,一直占用手机内存
消息推送	仅能回复模板消息,不容许主动发送广告,产品体验佳	频繁推送无用广告,无价值输出造成用户体验感不佳

开发一项App,通常需要5万元、10万元,甚至几十万元的开发成本,不仅如此,App的开发周期还很漫长,容易错失商机。目前,App的市场已经饱和,推广

难度大大提升,用户安装使用新App的数据也在不断下滑,这意味着推广App的成本在逐步提升的同时,拉新率反而降低。

◎ **释放手机空间,节约流量**

通过一组实验对比数据可以看出,小程序是如何节约手机空间的。

小程序测试内存占用量的方法:打开小程序,浏览文字、图片,并使用小程序相关功能,统计已知路径下小程序产生的缓存文件,并求出总和。

App测试内存占用量的方法:下载对应的手机App,安装并打开浏览一遍,退出此App,点击"设置"中的"应用程序管理",记录所产生的缓存文件和App总共所占的大小。

具体测试结果见表3-3。

表3-3 小程序与App内存占用情况对比(单位:MB)

程序名称	缓 存		占用空间	
	小程序	App	小程序	App
携程	0.50	174	2.13	352.2
腾讯视频	0.11	149	10.74	1452.1
滴滴出行	0.17	118	0.44	696.7
京东购物	0.30	154	0.06	513
大众点评	1.92	138	1.71	72.8
美团外卖	0.16	153	0.04	956.5
美柚	0.22	195	0.10	886.6
今日头条	0.10	66	4.64	706.4

由表3-3可见,小程序的优势非常明显,其占用缓存空间大多在0.2MB左右,最多的也没有超过2MB。

反观App,基本都需要占用100—200MB的空间,尤其是腾讯视频,小程序的缓存只有0.11MB,App的缓存则达到了149MB,相差了足足1354倍。

很显然,如果你的手机只有16GB容量(尤其是不支持扩展的),那么,小程序堪称救星！

◎ 低成本、低门槛，操作简单

业界有人认为，小程序作为原生 App 类型的平台，与 App 相比，它的开发难度是 App 的 1/6，这个说法是否正确，其实是有待考证的。App 与小程序的开发难度对比，还需要根据小程序开发的功能需求而定。但可以肯定的是，小程序所需要的技术难度没有 App 的高，并且，微信官方还提供了专业的开发指南文档及开发工具平台供开发者参考、使用，这也在一定程度上降低了小程序的开发难度。

做小程序的开发不难，但说小程序是所有开发框架/平台中最简单的可能有些夸张，只能说小程序是目前所有主流移动开发技术中最简单的。

编写小程序只需要掌握 JavaScript 和 CSS（Cascading Style Sheets）两门计算机语言。

小程序本身就是为前端所设计的平台，所以无论是开发工具、设计规范、API 设计，无不散发出一种前端的气息。因为它需要存储、删除、修改数据，所以，小程序和网页应用一样，也需要强大的后台支撑。

◎ 背靠流量巨头，无缝对接消费者

互联网四大巨头中，微信有 10 亿用户，阿里有 8 亿用户，百度有 5 亿用户，字节跳动有 5 亿用户，基本涵盖了中国 90% 以上的互联网用户。不管它们的侧重点在哪里，小程序都背靠超级流量池，无缝对接消费者。

不管是微信、支付宝、百度或者字节跳动，都在大力扶持小程序。"政策+现金补贴"基本成为常态。10 亿元、20 亿元的扶持计划层出不穷，与此对比，流量的倾斜才是小程序发展的核心关键。

微信小程序多达 60 个入口，支付宝也有多达 36 个流量入口，百度也开放了十几个流量入口。从来没有一个程序或者应用会让这些互联网巨头给予如此大的流量入口。表明小程序目前正处于流量的红利期。

流量意味着商业模式的落地，流量也意味着变现能力。巨头给出的流量让小程序可以无缝对接消费者,让商业更加集中。

◎ 小程序对传统商家而言的十大优势

1. 提供了一个新的开发平台

微信小程序可以打通微信应用号,升级公众号的功能,尤其是对于传统行业来说,App 的开发成本比较高,使用频率和下载频率却比较低,即使有很高的下载率,卸载频率也很高,而微信小程序的推出正好可以弥补这样的缺点。

2. 获取方便,用完即走

随着小程序能力的不断释放、功能的逐渐完善,在未来,小程序将成为商家的标配。传统商家受制于成本和精力,往往不会考虑开发 App,零售型企业或者门店往往都依附于第三方互联网平台,以经济利益换取线上流量。这也是多年以来,美团、携程、饿了么之类的互联网企业越来越红火的原因。

缺乏有效的手段和通道来连接线上消费者成为传统线下商家的痛点,即使有自己的线上平台,高昂的推广和运营费用也会让他们望而却步。

现在,小程序打破了这层壁垒,小程序的到来,让线上消费者更容易找到线下商家,便捷的获取方式,进一步拉近了传统商家和消费者的距离。

另外,高度的商业化让小程序剔除了 App 的"繁文缛节",小程序极少打扰消费者,消费者的第一需求永远是购买。

3. 线上营销利器

小程序搭建了多种流行营销插件,拼团、砍价、抽奖、优惠券等营销方式应有尽有。微信小程序依托微信的社交属性,天然具有分享传播的特质,从而能实现快速营销裂变,从而提高了营业额和知名度,是名副其实的营销利器。同样,支付宝小程序自带的支付属性也使用户的购买属性成为第一需求。

利用好营销插件,将为传统商家带来丰厚的回报。

（1）过时不候，制造紧迫感——限时抢购

限时抢购早已是线下商家玩的"老套路"了，但是线上聚集的流量外加分享的刺激，让这种"老套路"玩出了新花样，不受地域和时间限制的抢购活动成为商家线上促销的利器。

（2）有便宜谁不占——砍价

砍价是线下购买场景里经常出现的一种形式，但是线上结合转发、请人砍价等方式，让商品的曝光度呈几何级爆发。砍价的裂变方式，已经成为很多小程序商城常用的促销手段。

（3）一起买就是批发价——拼团

传统商家零售和批发有着明显界限，但在小程序的营销活动里面，拼团把这个界限给打破了，真正根据流量去定价，薄利多销。

4. 自带推广

基于 LBS（Location Based Services，基于位置的服务）定位展示，小程序辐射范围达 5 公里，让商家拥有了更多的曝光率，流量飙升。同时，小程序也是最好的广告平台，只要开发者开通"附近的小程序"，方圆 5 公里的用户都可以在微信上看到该小程序。微信还为小程序提供了入口，可以说小程序开通即自带推广，可以显示在用户的微信上。支付宝小程序也是如此。

这种基于 LBS 定位的功能给传统商家画出了一条公平的起跑赛道。5 公里辐射范围之内的人群覆盖基本可以涵盖一个店面日常的主流消费人群。

在附近的小程序里面，小程序对行业属性进行了细分化，外卖、商超生鲜、购物、美食饮品、生活服务、休闲娱乐、出行、酒店、公共服务等，细分化后的小程序让消费者可以更快、更精准地找到商家。

5."搜一搜"，关键词精准锁定

小程序越早做越好的原因——名字唯一，先到先得。关键词的设定也很有学问，互联网自有其自身的搜索规律。依靠关键词进行推广，可以大大提高被搜索到的概率，还可以增加小程序的访问次数，提高商家的品牌知名度。

6. 独一无二的小程序码

再小的店也有自己的品牌，一张小小的小程序码可以打开用户与商家的沟通门窗。对于线下实体店而言，小程序让他们有更多的想象空间（见图3-1）。

图3-1　小程序码

每个版本分别对应L、M、Q、H4种容错级别：

①L级容错的小程序码，大约10%的字码可被修正；

②M级容错的小程序码，大约15%的字码可被修正；

③Q级容错的小程序码，大约25%的字码可被修正；

④H级容错的小程序码，大约35%的字码可被修正。

小程序码相比传统的二维码有其独特的优势：

①观赏性：小程序码与普通二维码相比，看起来更美观。

②扫码预期性：扫码前能明确知道，扫码之后将会体验到一个小程序。

③安全性：小程序码目前只能通过微信产生，并且只能通过微信识别，安全性更高。

④品牌宣传性：每个小程序码右下角都有固定的微信小程序logo，可以做品牌的关联性。

⑤高容错性：一张二维码图片中间嵌有某些商标图片，而小程序码不同的是，中间的商标图片区并不包含数据编码的部分，因此小程序码拥有更高的容错性。

7. 使用成本低

小程序可以大大降低运营成本，主要体现在其操作便捷、简单，学习成本低，以及开发成本和运营推广成本也较低。小程序对于传统商家来说有巨大的优势和诱惑力。

独立的后台、独立的操作和独立的数据,让商家可以随时调整,从而具有更多的主动性。

相对于传统平台型互联网公司的合作模式,与平台的分成和抽佣让传统商家非常被动,难以控制流量成本。

8. 让积累用户成为可能

小程序会自动进入用户的微信小程序列表中,实现了用最低的成本,让产品出现在用户的微信中。让商家建立自己的用户会员体系,实现精细化管理和精准营销。

9. 搭建新的商业体系

在互联网飞速发展的今天,传统企业要想发挥更多的优势必须依据"产品+线下+线上"三点同时进行,而微信小程序的出现可以很好地打通用户、内容信息、商品服务之间的关系,直接在微信生态体系内完成商业模式的闭环。

10. 对企业的产品有更多的试错机会

在开发一款App之前先要设想好并搭建好框架,如果在好不容易开发完了之后,才发现这款App与市场不吻合、不适用,又要进行修改,这就相当于重新开发App了。

App、H5和小程序的抉择

随着社会发展和科技进步,互联网的发展让任何经济体都必须搭上互联网的便车,无论是大公司还是创业型小公司,都会面临先做App、小程序还是H5的困境,甚至会将所有终端一起做。

对于大公司来说,所有终端同步进行开发是可行的,但对于小公司来说就未必有那么多的人力和财力了。那这些终端各自有什么优劣,又各自承担着什么作用呢? 做产品的时候该如何抉择? 在如今的移动互联网时代,小程序和传统的App、H5对比有什么优势和劣势呢?

首先,我们需要简单地普及一下这三者的概念。

◎App

App,一般指手机软件,主要指安装在智能手机上的软件,用以完善原始系统的不足与个性化,是手机完善其功能、为用户提供更丰富的使用体验的主要工具(引自百度百科)。

手机软件的运行需要有相应的手机系统,目前主要的手机系统有苹果公司的iOS系统和谷歌公司的Android系统。

App的开发方式分类如下:

①原生应用程序(Native App)开发,一般使用Objective-C、Swift、Java、Kotlin、C、C++、C#等程序语言开发用户端应用程序,并可上架至应用程序商店;

②网页应用程序(Web App)开发,一般使用HTML/XHTML/HTML5+CSS+Java Script等网页技术开发用户端程序,并使用浏览器开启执行;

③混合式应用程序(Hybrid App)开发,一般以Web App方式开发用户端程序,还会透过PhoneGap、APICloud等框架工具跟移动设备硬件设备互动,或加上部分原生程序,最后可包装上Native App的外壳,上架至应用程序商店。

◎H5

H5是指第5代HTML,也指用H5语言制作的一切数字产品。我们上网所看到的网页,多数都是由HTML写成的。"超文本"是指页面内可以包含图片、链接,甚至音乐、程序等非文字元素。而"标记"指的是这些"超文本"必须由包含属性的开头与结尾标志来标记。浏览器通过解码HTML,就可以把网页内容显示出来,它也构成了互联网兴起的基础。

H5其实并不是一项技术,而是一项标准,其中所包含的技术主要有页面素材预加载技术,音乐加载播放技术,可以滑动页面,可以涂抹擦除,有动态的文字和图片,可以填表报名,可以支持分享自定义的文案和图片等。

◎ 小程序

小程序,英文名 Mini Program,是一种不需要下载、安装即可使用的应用,它实现了应用"触手可及"的梦想,用户扫一扫或搜一下即可打开应用。

我们可以用两张对比表格来展示这三者之间的不同(见表3-4、表3-5)。

表3-4　App、H5和小程序的产品和运营方式对比

维　度	分　类	App	H5	小程序
产品	开发难度	难	中等	简单
	开发速度	慢	中等	快
	后期维护	难	中等	最容易
	框架核心	原生	HTML5	混合
	体验和流程	最好	差	中等
	内容体积限制	无限	较大	很小
	迭代速度	慢	最快	快
	功能支持	多	少	中等
运营	推广成本	高	低	中等
	用户留存	高	低	中等
	用户唤醒	高	中等	最低

从表3-4可以看出,App不管是开发还是后期运营都是难度最大的。与之对比最明显的就是小程序,其在保留App核心功能的基础上简化了一切开发和运营难度。

另外,我们再通过表3-5来展示这三者之间的优、劣势的对比。

表3-5　App、H5和小程序的优势和劣势对比

	App	小程序	H5
优势	较于其他两个技术类型,App可提供最佳的用户体验、最优的用户界面、最好的交互	即点即用,用户成本低	可跨平台

续表

	App	小程序	H5
优势	每一种移动操作系统都需要独立的开发项目,针对不同平台提供不同的体验	主要代码都封装在平台小程序里,打开速度比H5快,慢于原生App	开发速度快,成本较低
	相较于H5可节省宽带成本,以独立的应用程序运行(并不需要浏览器)	可以调用更多的手机硬件功能,如GPS、录音等	迭代周期短
	能够更加便捷、有效地利用移动硬件设备的底层功能,可访问本地资源	开发、维护成本低	用户使用成本低,即点即用
	盈利模式明朗,用户黏性高,一旦拉新成功,只要产品对用户有价值,一般不会轻易弃用	拉新速度快	技术成本低
劣势	移植不同平台所消耗资源较多,成本高	由于受到限制,小程序无法开发大型应用	运行速度慢,耗费网速,用户体验受限
	迭代周期受限	框架不稳定,导致短时间内经常要升级维护	调用移动底层硬件设备效果不是很好,无法保存本地用户数据
	用户使用成本较高,需手动下载安装原生App	客户留存率较低	同其他语言编写的网页一样容易泄露一些敏感数据,且用户的留存率极低

从表3-5可以看出,企业根据自身的定位来决定搭哪一趟便车,其实互联网工具永远没有优劣之分,只有找到适合自己的工具才能事半功倍。

适合不适合,对于没有实践过的人来说,很难下定论。但是大量的数据告诉我们,保持共性是一种稳妥的方式。

◎ **各自特色**

1. App是公司打造品牌的利器

一个产品的App可以有助于建立品牌意识。它取决于企业如何设计App,

在解决了用户需求后,企业可以添加引人入胜的、时尚的、丰富多彩的信息。

App能够加深用户对企业品牌形象的印象,让用户更好地认识企业。就像微信是腾讯的,支付宝、淘宝是阿里的,用户使用时就能想到企业的品牌。

App可以给企业带来很多机会,使企业在很短时间内受到用户的青睐。但同时也会增加自己的竞争壁垒,因为开发一个App或一个功能周期都比较长,如果能够抢占先机,更快地消除用户痛点,这样就能领先竞争对手。

所以App承载着的是整个产品线的所有功能,是公司的核心产品,是用户主要使用的产品,在宣导和推广上承载着主要作用。此外,App不受平台的功能限制,能够更好地做产品或内容分享,也能更好地进行运营活动的推广和传播(除非已经被屏蔽掉分享功能)。

2. 小程序直击用户痛点

小程序主要是给用户带来产品核心功能的使用体验,通常会减少一些多余的功能,只给用户呈现主要功能。

现在不仅微信有小程序,支付宝和字节跳动里面也都有小程序,但因为在各自的平台下,所以只能分享到各自平台。如常用的微信小程序也只能分享到单聊或群聊,无法分享到朋友圈,这样就减少了许多传播的途径,毕竟单聊或群聊可能会被聊天信息刷下去,而在朋友圈能够有较好的展现。所以,要想做好小程序,最重要的是利用好微信的社交关系链。比如拼多多,本身是传统的电商领域小程序,因为其较好地利用了微信里面的社交关系链,所以可以迅速爆发。

3. H5是对外宣传的前哨站

因为H5功能的局限性,所以其多是作为产品的宣传网站存在的,通过宣传公司产品的功能来引导用户下载。

此外,还有活动的推广和宣传,就像频频刷爆朋友圈的网易活动,就是通过H5的形式来分享和传播的。

虽然H5的跨平台性和灵活性让它能够在各大平台间互相传播,但因为受到平台的限制,如果诱导分享或分享过多容易被平台限制,从而禁止访问。

H5是能够更加快速到达用户的产品,但缺点是打开一次后就可能会被忘记,即使用户收藏了也可能不会再打开。所以H5要做的就是第一次的触达,给用户留下一个好的印象,给产品引流。

App、小程序、H5分别担负着不同的使命,对于一些刚刚起步,想要尝试的企业,可以使用H5或小程序,但在开发之前也要考虑它们所提供的API和性能能否满足需求,不然的话就只能转投App。如果之前已经验证过产品,经过调研分析后认为可以做App了,那就大胆去开发App。

04

第四章　机遇

CHAPTER 4　OPPORTUNITIES

04

传统商家的机遇

移动互联网发展的规律就是多变。在流量红利没有结束之前,电商、直播、微信公众号异常火爆,时至今日流量已经被瓜分干净,小程序的出现起到了良好的连接线上和线下的作用,在未来小程序还可能覆盖5G、VR、大数据等领域,为更多的商家创造新的发展模式。对于传统电商而言,小程序开辟了新的流量渠道,开启了社交电商的模式;对于线下实体商家来说,小程序打破了空间限制,打通了线上和线下的渠道。

不管是对传统企业还是对新的创业公司,小程序贴合用户服务需求的特点,以及强大的融合能力都将在未来很长一段时间里演变出无限商机。

在互联网突飞猛进的今天,传统线下实体商家普遍存在一个共识,那就是实体商家已经到了必须改变的时候。电商不断下沉,以丰富的选择和更优的服务挤占了越来越多的线下生意;与此同时,线下的租金、人力、物价等成本直线上升,也使商家的经营越来越困难。最为致命的是,新一代消费者已经养成了线上购物的习惯,线下对他们已失去吸引力。而小程序作为一种连接用户与服务的载体,可为线下商家提供转型新零售的低成本解决方案。

如今,承载用户最多的是微信、抖音等超级App,而小程序依托众多优质的线上流量入口,凭借无须下载,即点即用,获客成本极低的特点,成为线上引流的绝佳载体。借助小程序各种形式的插件,如分销、优惠券、拼团等,商家可通过线上入口打造裂变式传播与获客,进而为线下门店导流,并提升经营业绩。小程序也能大幅度提升用户转化率——借助会员卡、积分商城等能力,可有效维持用户黏性,而模板消息则能在用户离店后持续向其传达营销信息,进而实现用户召回与促活。

◎ 小程序为中小企业带来了哪些机遇?

1. 深度挖掘流量巨头潜在的客户群体

小程序的出现对传统企业产生了很大的冲击。依靠传统门户网站来做推广的企业已经慢慢摒弃了原来的方式。如今,企业门户小程序帮助企业有效地挖掘潜在用户,将其转化为目标客户和真实客户,快速对接老客户及更多的潜在客户群体,帮助企业有效地进行信息推广。

2. 解决企业线上门户搭建难的问题

小程序的出现有效地解决了很多中小企业线上门户搭建的难题,这是很多中小企业都了解的事实。因为很多中小企业并没有一个完善的互联网维护团队,在布局线上的时候往往显得捉襟见肘。小程序开发简单、维护容易的特点让很多中小企业能够快速搭建线上推广渠道。

3. 实现多渠道对接客户群体

传统意义上的对接客户群体需要通过多种信息渠道来进行用户转化。而小程序的多入口模式能够实现企业的信息传播,有效地对接目标客户群体。通过小程序转发,用户在销售区域内实时报名联系,小程序内接洽等多种方式,极大地提高了营销效率。

4. 线上营销手段多样

从线上营销来说,小程序可以进行拼团、砍价、限时秒杀等互动营销,并且可以将这些活动通过微信分享给家人和朋友,让其帮忙传播。这些活动的开展,不但能帮助商家提升知名度和销售额,同时还可以获取用户的数据,了解用户的习惯,帮助商家在后续的供应链上进行适当的调整。

随着微信小程序的功能不断完善及经过时间的推敲,越来越多的人开始肯定微信小程序能够帮助企业和个人来进行功能性的拓展。

[案例:不传统的优衣库]

在很多人的印象里,优衣库是一家大众服装品牌,品种多,质量好,且一直走线下亲民路线。

但在2018年的"年货节"上,优衣库请来自家的品牌代言人井柏然和倪妮,讲述他们关于新年新衣的故事,很有用老故事打感情牌的嫌疑。或许类似的品牌行为还有这样的"传统",但优衣库也表现出了"潮"的一面——在自己的微信小程序内正式上线了"随心送"功能,用户可以在小程序内为亲朋好友挑选新衣,并可以在当地门店直接取货(见图4-1)。

图4-1　优衣库小程序

如果用"传统品牌"的定位去理解，很可能会低估优衣库玩转小程序的深意。从亲情牌的角度来看，代言人讲故事、有年味的海报等固然重要，却少了与用户互动的环节。借助小程序让用户以发红包的形式为亲友选新装，既增强了消费者的代入感，也不失为将亲情牌"变现"的绝佳方式。

按照传播学的思路，优衣库对社交裂变的理解已然超过了大多数服饰品牌，消费者A挑选新衣，消费者B到线下提货，以及中间过程对消费者C、消费者D、消费者E的影响，促使用户主动传播和分享，继而将微信流量转变成自家的新增用户。

基于地理位置的LBS门店配送系统为优衣库赢得了很多客户。线上线下结合的模式，更多地体现了优衣库人性化营销的一面。

优衣库借用小程序迈出了新零售的第一步，从目前的反应来看，是非常成功的。事实上，优衣库"实用至上"的营销理念，恰恰折射出了零售商的痛点：相比于那些存在不确定性，又带有烧钱属性的借势营销，转化率和消费体验才是零售的关键。

【案例：不守旧的导购们（BESTSELLER）】

在服饰业和优衣库有着同等权重的绫致集团，也进行了一场大动作，但其主角不是品牌营销，而是线下门店的导购们。

崔某是绫致在北京某门店的王牌销售，每天晚上10点钟过后，她就开始了"第二班"工作，一边在微信上回复顾客的问题，一边在微信小程序WeMall上查看自己的销售额。2018年12月份，崔某41%的销售额是在门店工作时间外产生的。

BESTSELLER折扣店微信小程序，也做了线上线下结合的动作，但是它的亮点不仅在于此——为每一个导购建立一个独立的线上营销管理后台才是BESTSELLER折扣店的精髓。通过导购的管理后台可以将导购时间延伸为24小时（见图4-2）。

图4-2　BESTSELLER折扣店小程序

通过获取用户的微信信息，直接进行线上营销。线下体验、线上营销的模式为传统实体商家小程序创新提供了全新的参考。

JACK & JONES的一个导购讲述了一个有趣的故事：有位东北来的男顾客，在店里试了两个小时后也没做出决定，导购感觉对方有购买的希望，于是主动加了顾客的微信。顾客看到她在微信中推荐的货品后，当即转给自己老婆看，随后就在绫致的官方小程序里下了单。

在很多人的印象里，"左手……右手……恭喜某总喜提……"多半是段子手们喜欢用的梗，却成为绫致线下导购的"画像"。导购员崔某平常的月销售额在20万元左右，在使用微信与用户线上沟通后，月销售额已经提升到33万元。所以，一线的导购不应该是被淘汰者，而应该是跟着零售产业一同升级的对象。

在很多零售升级的模型中，线下导购都是低效率的代名词，不遗余力地推崇大数据、AI等取缔传统落后的销售方式，至少绫致证明了另一种可行性：导购们并不守旧，他们需要的是正确的工具和引导。

小程序服务商的机遇

小程序之火热,用"企业宣传标准配置"来形容应该最合适不过。此前,企业、商户的自有标配宣传渠道,大多不过网站、微信公众号,但现在,因为小程序之火,也因为小程序门槛之低,很多企业、商户已经把"小程序+网站+微信"当成了宣传的新标准配置。

总之,小程序创业给广大的网站服务商提供了新的转型机会。那么,网站服务商转型小程序创业面临着哪些新挑战与机会呢?

虽说各家助推小程序的策略不一样,但都是围绕小程序的生态而展开的。以微信、支付宝、百度、字节跳动小程序为首的平台都在积极为小程序赋能,不论是功能升级,为开发者减负,还是扩大流量入口等,它们都让自家的小程序生态越发完善。

为了抢夺更多的开发者,互联网巨头们在小程序上除了有大动作之外,也有一些小动作,比如开展以小程序为核心的公开课。在线下开展公开课的方式除了能更加详细地对外界介绍他们在小程序的布局之外,还能让开发者更了解未来应该选择哪个平台。这种形式不但能帮助开发者更好地提高研发效率,而且能让他们理解各个小程序平台的生态价值。正是由于线下公开课让各方受益,也使其成为不少开发者年度积极参与的活动。

不论巨头们以何种形式来加大力度推广小程序,它们的目的都是将小程序生态的服务做深做好,从而吸引更多有实力的开发者团队或者个人入驻,提升小程序平台的整体实力,更好地服务企业及用户。

可以预见的是,随着各大巨头对小程序的持续加码,小程序大战势必会打得更加直接。那么,作为任何生态中都不容缺失的一环,众多小程序服务商是否也将迎来一些全新的挑战和机会呢?

在小程序生态构建中,服务商的力量不可小觑。根据微信官方数据,截至2019年6月,8200家服务商共建立了63万个小程序,小程序服务商覆盖的行业已达到150个以上。同比2018年6月,服务商覆盖的小程序单日支付笔数增长达到3倍,服务商服务的小程序数量增长了80%,对于微信生态贡献突出。

随着小程序的日益普及,长尾小商户对小程序的应用需求也在与日俱增,这就要求小程序服务商们不仅能够提供个性化的定制服务,而且能够提供标准化又多元化的内容。

对于小程序服务商来说,在未来它们既要有共性又要有个性。只有更好地服务于中小企业,满足他们各种的需求,才能够在小程序领域站住脚;只有在技术跟运营方面做深挖,小程序服务商的竞争优势才会凸显。

当下,很多服务商通过建立分公司或者招募地区核心代理的方式发展,主要靠线上的竞价广告和线下销售代理资源来获得客户。借助地域优势确实能在短期内很快获得用户,但要想在其他地区线下拓客就变得很难,那小程序服务商该如何构建业务护城河呢?

小程序服务商不仅要提供建立小程序的基础服务,而且后续必须为客户做好更新迭代的服务工作。只有把用户的需求放到最重要的位置,及时解决终端客户提出的需求和疑问,做好售后服务工作,让客户感觉到,在自己背后有一支强有力的专业团队,这样才会让客户更安心。

另外,小程序服务商在小程序制作完成之后会进行持续的引导和教育,甚至在必要的情况下去帮助客户,让他们明白小程序的核心功能,从而利用小程序并且获得收益。

随着小程序的不断发展,越来越多的新功能正在不断被挖掘,小程序服务商们也要抓住发展的潮流。未来要想成为"独角兽",它们该如何抓住机会呢?

◎从"外包公司"成为"独角兽"将是小程序服务商的新机会

小程序服务属于低门槛业务,正是由于它的这一特性,一方面吸引了很多开发者首选这个项目,另一方面由于技术壁垒不够突出,也让小程序服务商难以出现小巨头。对于第三方平台来说,要想为平台增值带来新的发展空间,它们也需要在小程序领域深挖有潜力的项目。那么,哪些方面是可以让小程序服务商去尝试的呢?

1. 独立运营产品，争取做出爆款获得融资

知名风投机构人朱啸虎曾提出："小程序酝酿了巨大的投资机会，2017年小程序融资额是7亿元，今年（2019年）应该能达到100亿元。"确实，2019年有不少的小程序项目都获得了风投机构的青睐，因此，只要找到对的项目并精准挖掘用户需求，小程序领域蕴含的商机就会有无限可能性。对于小程序服务商来说，它们算是小程序领域最早的玩家，自然对于小程序的发展趋势有自己的见解，在已有的优势前提下，深耕某一个项目还是具有很大优势的。未来要想实现大突破，要么推出现象级精品产品，要么找到一个有核心竞争力的商业模式，这样才能让平台价值最大化。

2. 热门领域虽说竞争大，但成功的可能性也更大

虽说在小程序领域可以创业的项目很多，但不得不说新零售、社交电商、知识付费、小游戏等仍然是热点。这些项目既能吸引用户，也是资本市场关注的焦点。

对于小程序服务商来说，未来其实仍然可以去尝试发展，挖掘到没有被发现的市场跟用户，才是他们的本领。虽说这些项目竞争很大，但其具有的商机也大，小程序服务商可以从中选择适合自身发展的项目。

虽说BATT对小程序都有着各自不同的理解，但现在都在围绕各自的优势分头布局，可以说互联网巨头们都将小程序这件事放在了未来战略中的一个关键位置，这片新的巨头战场也在逐渐变得清晰。可以预见的是，小程序这个战场的竞争也将会越来越激烈，不仅是巨头之间，开发者之间的较量也是如此。

对于小程序服务商来说，他们也要做好跟小程序一起成长的准备，要懂得借时机来实现自身业务的升级。在未来小程序服务商要想在市值和营收上实现突破，小程序是他们的机会，同时也需要他们在服务之外找到更有商机的业务模式，这才能给品牌带来更大的价值。

微信生态服务商、微盟创始人兼董事长孙涛勇提到了一个观点，即在未来小程序赛道中，To C（直接面向终端客户提供产品或服务）类产品占20%，而To

B（面向企业提供服务）类占80%，所以中国大概有3000万中小企业都会拥有自己的小程序。

在小程序生态中，微信的态度一直是提供基础能力，工具和服务则交给第三方服务商去完成。因此，服务商一直是推动小程序生态繁荣的重要力量。

而随着BATT等持续加码小程序，便利店、餐饮、美容美发等全国数千万中长尾线下商家背后，似乎都暗藏着第三方服务商的巨大机会。

2019年6月27日，微信官方公布了小程序服务商的最新数据，并首次推出小程序服务商成长计划。微信小程序团队指出："服务商需要做出改变，不再只是一个小程序开发的技术团队，而是一个解决方案提供者，一个运营者。"

微信希望把"盘子"做大，让行业整体的增长速度更快。在微信团队看来，服务商这一市场才刚刚被开启。

微信对于小程序第三方服务商的定义很简单——任何合法合规的、为小程序提供开发服务及有意愿的开发者都可以成为小程序服务商。微信既不会区别对待，也无"官方授权"的概念，小程序团队会根据不同发展阶段和类型的服务商提供针对性的服务。

据微信团队介绍，目前小程序服务商分为两类：一类是提供标准信息化服务的服务商，另一类是以小程序为切口提供长效运营服务或后端服务的服务商。

鉴于微信的定位，微信平台本身不会专门为商户去做小程序，因为无论是能力偏向，还是人力、资源都无法支撑这样的模式，相比之下，服务商对于行业的深耕和商户的理解更深。微信希望通过产品化、平台化的能力输出，与服务商合作覆盖线下商户，挖掘小程序在长尾市场的更多深度玩法。

在微信小程序生态中，第三方服务商是最直接的受益群体。在支付宝、百度等其他小程序中，第三方生态服务商的角色也都举足轻重。

经过两年多的发展，行业关注的焦点来到小程序带来的效果本身，各大服务商的小程序产品不断升级迭代，从工具类慢慢延伸至更多服务形态，使得小程序生态不断得到完善。

◎"问诊"服务商

过去,一方面,小程序生态中出现了不少优质的服务商,但另一方面,由于开发水平的良莠不齐,服务商市场也是乱象丛生。

2018年9月,微信社区发布了一个针对开发者的搜索插件,当时的想法是把服务商、开发者做的开发工具沉淀到微信平台中,让更多的开发者、商家发现和使用。

"随之而来的是越来越多的商铺找到我们,希望微信提供这类服务,帮助商家筛选和找到靠谱的服务商。"微信公开课讲师吴佳昕说。

此次,微信官方把插件和服务商搜索结合起来,形成了一个服务平台,为商家提供发现第三方的渠道,让双方更容易发现彼此并快速建立联系。

据了解,微信小程序服务商搜索平台主要参考3个方面的信息:

第一,信用数据,包括服务商审核情况、违规的情况、所服务的小程序本身质量的情况等;

第二,参与平台培训的情况,以反映服务商本身的业务能力和信用程度;

第三,交易的评价和商业服务流程,从整个生意的逻辑来讲,这是最直接的,微信会继续探索。

微信小程序团队表示,搜索平台的上线是为了能够给予商家更高效的信息筛选方式,不会考虑商业化搜索和竞价。

同时,在2019年6月27日,微信发布了小程序服务商成长计划,开放了一些新的功能和政策,例如:推出"服务商助手+服务平台",帮助服务商了解自身状况;微信支付推出智慧经营"工具箱";开放企业微信基础能力;腾讯云宣布推出小程序加速器;等等。

怎么才能让服务商自身价值得到更大的发挥呢?微信团队的建议是,服务商自我认知需要做出改变,要从技术服务转变成解决方案,从单一的技术开发到对行业的深入了解,把自己对于微信生态的理解给予商家。

提供API、连接微信及硬件、支持小程序、注册定制化和私有化部署能力……微信以这些能力为出发点,促使服务商帮助线下企业,将其和顾客的一次性接触变成多次长期的关系维护与连接。这也意味着,微信开放生态,对小程序服务商提出了更高的要求。

不仅如此,小程序服务商也在走向细分化。目前在小程序服务商覆盖的行业中,排名前五的是工具、生活服务、商家自营、餐饮和商业服务。据了解,微信小程序也在推动服务商推出细分领域的小程序解决方案。

◎"赚钱难"焦虑

随着BATT持续加码小程序,小程序服务商正在迎接资本涌入的机会。

2019年4月,腾讯先后增持微盟,入股有赞。微盟、有赞均是微信生态的服务商,并先后在香港股票交易所上市。不管投资微盟还是有赞,都意味着腾讯在进一步布局微信小程序生态。

同时,细数小程序赛道上获得融资的团队,我们会发现服务商所获得的融资都远高于其他类型创业者。

据相关媒体报道,小程序服务商加推在2017年下半年获得A轮融资时已手握1.68亿元人民币,成为当年小程序领域单轮融资最高的团队;从2018年底至2019年,即速应用、企迈云商、艾特车掌柜等团队,也分别获得了5000万元人民币、5000万元人民币及1.08亿元人民币融资。这些,只是诸多服务商融资案中的最新几例。

除了常见的收取SaaS[①]服务费、支付佣金等,微信小程序团队鼓励服务商探索更多的盈利功能,并通过持续提供更多产品功能来帮助服务商完善商业模式。

不过小程序的"蛋糕"也在迅速做大。公开数据显示,到2020年一季度,支付宝小程序日活跃用户数达2.3亿,累计用户数6.4亿;手机淘宝小程序用户数达1亿;百度小程序月活跃用户数达1.8亿,开发者数8万,开源联盟成员数24。阿里和百度两大平台小程序规模发展迅速,并向各自生态环境进行深度布局。

据了解,小程序服务商的合作模式中不存在"排他",许多微信小程序服务

---

① SaaS:Software-as-a-Service的缩写,意思为软件即服务,即通过网络提供软件服务。具体将在本书第八章进行阐述。

商同时也在接洽支付宝、百度小程序。

"企业和商家服务商都希望盈利,微信做的事情,是希望把这个盘子放大,更多的用户需求能被满足,在这样的前提下自然而然产生更多的商业场景。到现在为止,服务商是被刚刚开启的市场。"微信团队这样表示。

在2019年"阿里云峰会·北京站"上,阿里旗下的阿里云、支付宝、淘宝、钉钉、高德等联合发布"阿里巴巴小程序繁星计划"(简称"超星计划"):提供20亿元补贴,扶持200多万个小程序开发者和100多万个商家。凡入选"超星计划"的小程序,在入驻支付宝、淘宝、钉钉、高德后还能得到流量重点支持。

百度对外正式发布"共筑计划",旨在鼓励合作伙伴共建小程序生态圈。百度App总经理平晓黎表示:"未来,将拿出10亿元人民币创新基金投资有创新潜力的开发者和中小企业,并用更多的流量与资金推动开发者。"

此外,平晓黎还称,"共筑计划"以线上课程、线下公开课等方式为开发者提供一对一的权威专业服务,并配合"布道师计划"。

微信2019年首场线下公开课在上海举行,微信发布了小程序服务商成长计划,从4个角度出发来助力小程序生态又好又快地发展。

在小程序创建方面,通过高效易用的产品或接口,帮助服务商以更低成本接入;优化小程序创建、开发、审核、迭代多个环节的基本能力,帮助优质服务商"摆脱"产品和审核阶段的烦琐环节。

在赋能小程序服务商方面,通过每日服务商的运营状态,提醒服务商灵活运用各项能力;"服务商助手"提供一手服务信息,减少行业信息差;"微信行业助手"帮助服务商提升对工具的认识,加强对商家小程序的运营指导。

在运营方面,微信学院将帮助服务商获取业界经验;通过各类活动,帮助服务商深挖行业需求;通过微信公开课及其他形式,对运营规则进行更为明确的指引,引导服务商开展业务。

在拓展方面,微信服务平台支持服务商发布插件及其他服务,并可帮助服务的提供方和需求方在服务平台"各取所需",促成合作。自服务平台设立以来,已创建企业主页的服务商有800多个,约10%的服务商已上架服务,已上架服务总数达300多项。

会议上，微信支付团队发布"商家卡片"流量新入口，全面助力小程序电商行业。商家卡片位于微信卡包，用户可以添加喜欢的商家小程序至"商家卡片"，随时随地浏览、购买商品，帮助商家完成公域流量转化为自有流量。

◎ 小程序服务商未来的机会点在哪？

小程序服务商市场空间巨大，加上微信、支付宝、百度等小程序平台对服务商的扶持，整个行业也呈现出越来越多的机会点，并且部分机会点已经在即速应用等多家头部服务商的现有业务上得到了验证。

1. 深耕垂直行业

可以看到，目前已经跑出来的服务商中，很多都在专注于垂直领域，如电商、餐饮、新零售等，为这些行业提供丰富且完善的模板制作和行业解决方案这两大方面的支持。

在第八季微信公开课"服务商专场"上，微信团队也表示，小程序服务商接下来的发展方向和机遇在于，从技术服务商转型为解决方案服务商，从"单兵作战"到共同协作，专业化、精细化、协作化是未来专业服务商的标签。"专业能力强的服务商可将自己的特长发挥到极致，实现协作共赢。"

因此，对于那些想转型的老牌PC端软件服务提供商，可以基于原有业务进行升级，比如数据分析能力强的服务商，用自己更精细的营销数据能力，专门服务那些已经具备一定运营能力的商家。

而对于那些想入局或者已经入局但目前尚未跑出来的服务商来说，最好的策略是聚焦，就是绕开头部，不与头部直接对抗。而且前面我们也提到，目前小程序服务商服务的很多细分行业并未饱和，比如工具、内容、教育和生活服务，甚至部分领域还是未被发掘的蓝海，它们都可以是小程序服务商未来的发力重点。

2. 打造本地生活商圈

众所周知，以美团、饿了么为代表的本地生活服务平台早已聚集了绝大部分的线下流量。但在小程序这个领域,具有地域属性的本地生活商圈流量仍有巨大价值尚待挖掘。

本地生活,其实也是微信看重的商业模式,从"附近的小程序""附近的餐厅"可窥见一二。只不过,几经改版的"附近的小程序"目前并未如愿成长起来,"附近的餐厅"现在也还在范围内测阶段。商户对本地商圈的急切需求与微信本地生活进程的缓慢之间的矛盾,无疑给了服务商"趁虚而入"的机会。

可以看到,一些地域大型商城如北京华润五彩城,就已经通过百度地图上线了对应的商圈小程序,它通过整合商圈内资讯,聚拢商圈内分散的门店客流,提高商圈内各门店的用户转化和收益,进而促进商圈的整体收益和持续发展。

3. 锤炼平台综合能力

另外,随着小程序的不断发展,越来越多的新能力正在不断被释放,小程序服务商们也要及时抓住这些发展新趋势。

比如微信开放的"好物圈"插件、"物流助手"这些重要功能,支付宝小程序推出的"运营三件套"等关键组件,都意味着服务商要及早与相关平台做好对接合作;再比如拼团、秒杀、砍价、会员等社交电商新模式流行的时候,服务商也要紧跟趋势开发这些新工具,及时为自己服务的客户解决需求,帮助他们通过小程序切实获益。

而且对于服务商,未来的服务点也不止于提供制作小程序、更新营销组件等技术服务,还必须为客户做好后续的服务工作,比如帮助客户理解小程序的各种新功能及其应用场景,提供多行业解决方案,等等。据了解,即速应用在刚推出的3.0版本中,就将所有的小程序能力向全行业开放,并提供小程序全行业解决方案。这与微信团队在第八季公开课上给出的建议——"综合能力强的服务商可以继续锻炼内容串联服务"不谋而合。

小程序在产业互联网的爆发,对于广大中小企业来说,需要有专业的小程序服务商"保驾护航"。它们对云服务、平台规则更为熟悉,可以帮助小程序实现产品的快速落地和更新迭代。

同时,专业的小程序服务商也是最懂运营的群体,它们可以对客户的小程序"对症下药"，助力商家快速获客和留存用户，而对于这些优质服务商，微信等小程序平台也会给到更多的支持与合作，进而给服务商服务的企业更多"助攻"。

因此，无论小程序服务商最终选择哪个机会点发力，最终必然要走向专业化。更专业，才能在行业中圈住更多的客户，才能为自家打造更强的商业壁垒，也才能够在产业互联网这股洪流中站稳脚跟。

资本青睐的小程序

在小程序的赛道上，作为平台方的微信、支付宝、今日头条扮演着稍显微妙的角色。一方面，平台要设置标杆，启发其他小程序创业者，比如微信的"跳一跳"彻底激活了小游戏并带动了游戏小程序的繁荣；另一方面，为了生态的健康发展，平台要尽量公平地对待每一位创业者。

被平台投资的小程序是一个很好的窗口，它代表了巨头战略的一部分，同时也是其他同类小程序项目的标杆。

◎腾讯投资阵[1]

公开资料显示，从2017年至2019年，腾讯投资了约10家小程序相关企业，其中8家投资额超亿级。腾讯主要在企业的C轮或战略融资时才加入投资阵营。

再细分到投资领域，腾讯选择的小程序分为电商、第三方服务商、教育和媒体领域，其中电商和服务商分别有3家企业获得腾讯投资，占比靠前（见表4-1）。

---

[1] 本节部分内容引自"IT老友记"公众号，ID：real-han0710。

表4-1　2017—2019年腾讯参与投资的小程序

小程序名称	投资时间	投资金额	投资轮次	行业领域
小电	2017年4月 2017年5月	累计约4.5亿元人民币	A轮及B轮	共享经济
SEE小电铺	2018年1月	1000万美元	C轮	第三方服务商
好物满仓	2018年2月	数千万美元	A轮	社交电商
宝宝玩英语	2018年3月	1.5亿美元	B轮	在线教育
拼多多	2018年4月	30亿美元	—	电商
多抓鱼	2018年5月	未披露	B轮	二手书电商
微盟	2018年8月 2019年4月	3.21亿美元 及增持股权	F轮	第三方服务商
每日优鲜	2018年9月	4.5亿美元	D轮	生鲜电商
有车以后	2019年1月	2亿元人民币	—	汽车类垂直媒体
有赞	2019年4月	9.1亿港元	—	第三方服务商

　　腾讯选择的电商企业中,好物满仓主攻美妆产品,多抓鱼主攻二手书售卖,它们是如何获得腾讯的青睐的呢?

　　好物满仓小程序于2017年10月到2018年3月,上线近半年的时间里,已聚拢1万名店主,日均订单超过2000单。

　　同时,好物满仓实行S2B2C模式[①],小程序充当供货渠道,直连东星制药等韩国化妆品厂商,消费者注册下单即成为小B店主,再通过朋友圈售卖商品,赚取佣金。

　　在这样的模式中,好物满仓具备供应链及配套物流能力,同时借助微信流量池实现社交裂变,聚拢更多店主导向小程序平台,实现交易循环。这种模式之下,好物满仓还有一支互联网经验丰富的团队,其创始人叶飞为前聚美优品负责人,核心成员来自阿里、360等互联网公司。

　　社交电商的裂变模式及专业团队或许是腾讯投资好物满仓的关键原因。

---

① S2B2C是一种集合供货商赋能于渠道商并共同服务于顾客的全新电子商务营销模式。S2B2C中,S即是大供货商,B指渠道商,C为顾客。

再看多抓鱼,作为一家二手书销售电商,它目前仅有小程序和公众号两大平台,但到2018年3月,成立一年多的多抓鱼公众号粉丝数超过30万,书籍复购率达32.91%。

用户快速增长的背后凸显了多抓鱼模式的价值,其从消费者手中低价回收书籍,经工厂消毒、翻新处理后再对外出售,多抓鱼以公众号为主要流量获取通道,再将产生相关买卖书籍需求的用户导向小程序。

关键之处在于,用户拥有大量闲置书籍,但缺少更便捷、更高效的出售途径,而借助微信小程序的即用性,多抓鱼有效地解决了这一痛点,实现二手书置换。

可见,无论好物满仓还是多抓鱼,都是从微信小程序的特性出发,延展商业模式并加以印证,最终获得腾讯青睐。

那么,电商之外的服务商又为何被腾讯看重呢?

首先看有赞和微盟,作为两家植根于微信生态的上市公司,其业务模式围绕小程序展开,一方面为酒店、旅游和餐饮等行业提供小程序SaaS解决方案,另一方面通过云计算和数据优化等技术为企业提供营销解决方案。

深耕两大核心业务,微盟和有赞取得了不俗的业绩。到2018年,有赞和微盟分别拥有442万户和280万户的零售商家,两家分别营收6.85亿港元和8.65亿元人民币。

不仅财务业绩出众,微盟招股书显示,其在微信第三方服务的市场份额占比达15.3%,居行业第一。有赞借壳上市时也被称为"微信电商第一股",两家企业均可谓微信里的"头号玩家"。

通过投资有赞和微盟,腾讯对行业"头部玩家"进行战略布局,以打通线上线下的零售业数据。

而当头部企业拔得头筹时,像SEE小电铺这种玩家为何会吸引腾讯呢?

2018年1月获腾讯投资的SEE小电铺,其服务客户以中小自媒体为主,用户获取途径以微信公众号内容和朋友圈传播为主,通过社交流和内容流的"二流"打法向交易环节转化,提升中长尾公众号的内容变现能力。

到2018年3月,SEE小电铺服务自媒体超过5000家,个中翘楚如"鲸鱼颜习会",其四大公众号累计粉丝数超过120万。2017年"双11",四大账号的小程序累计GMV（Gross　Merchandise　Volume，成交总额）超过390万元。

可见，当第三方服务商纷纷从微信中走出，在反哺微信生态的同时，腾讯自然会加注投资砝码。

不过，对比腾讯早期参投的拼多多、同程艺龙在小程序上的表现，以上玩家可谓小巫见大巫。

成立三年即上市，拼多多用新模式杀出电商江湖，虽然黄铮在采访中声称拼多多来自微信的用户低于50%，但作为腾讯的"干儿子"，拼多多的成功离不开微信小程序。

拼多多的模式以爆款单品为本，借价格优势贴近下沉市场，通过游戏化购物形式在微信中裂变传播，不停地转动着流量的发动机。

这条道路上，小程序为拼多多创造出更多即时性购买场景，使下沉市场中对互联网不熟悉的用户也可以便捷地购买商品，并利于在微信社交流中传播。

不止拼多多，号称"小程序第一股"的同程艺龙也视微信为重要抓手，其酒旅票务消费的低频属性与小程序用完即走的思路极为吻合。据了解，同程艺龙小程序的ROI（Return　on　Investment，投资回报率）相较H5增长近23%。

可见，微信小程序自身不仅孵化出拼多多这类新"玩家"，而且让同程艺龙这类老"玩家"也找到新通路，它们成为小程序生态的重要组成部分。

从对外投资到自我孵化，再到引入早期投资企业，腾讯布下自家的小程序投资阵，在强化自身能力的同时，也反哺和激活了小程序生态。而在腾讯的矩阵外，获得投资的微信小程序又是何种局面呢？

◎小程序投资局[1]

数据显示，2017年共有超过30家小程序平台获得融资，融资规模多为百万或千万量级，其中融资规模最大的小电在两轮融资内获得接近5亿元人民币的投资；从融资轮次来看，种子轮和天使轮是占比较多的轮次。

2017年是微信小程序发力的元年，众多小程序仍处在项目早期，沉淀的用

---

[1] 本节部分内容引自"IT老友记"公众号，ID：real-han0710。

户数据及交易闭环尚不成熟,投资机构的出手多为卡位策略,以观察小程序后续发展。

到2018年,小程序进入活跃状态,热钱涌入市场。据新榜统计数据,2018年微信小程序领域共出现130次融资,总金额超过43亿元,是2017年的6倍之多;融资轮次上,A轮以占比33.09%,位居第一,有10家小程序一年内获两轮及以上融资。其中,社区团购小程序"小区乐"获得1.08亿美元A轮融资,可谓2018年获融资小程序的翘楚,而在整体的融资金额中,1000万至1亿量级的小程序占比达44.85%。

在微信小程序高速发展的2018年,众多小程序打通交易闭环并出现用户裂变能力,不少项目进入新的发展阶段,同时微信小程序也在孵化新的商业模式,投资机构自然会加重资本砝码。

小程序的资本局逐渐火热,投资机构更偏爱哪些领域呢?具体我们可以通过表4-2进行分析。

表4-2　2017—2018年小程序获投企业分类

主要领域	数量及占获融资小程序的总比重	细分领域	获投小程序数(家)	占所在领域的比重(%)	典型代表
电商	约56家,占比43.8%	生鲜零售社区团购	16	28.57	每日优鲜、生鲜传奇、小区乐、松鼠拼拼
		社交电商二手电商	14	25	享物说、多抓鱼、礼物说、好物满仓
		生活服务类电商	13	23.21	小电、77秒、包大师、在楼下、附近家政
		其他(跨境电商、内容电商等)	13	23.21	西柚集、全球免税、校品会、宝拍
第三方服务商	约24家,占比18.46%	零售业相关	13	54.17	微盟、酷客多、靠谱小程序、非码小程序
		其他	11	45.83	微赞、鲸打卡、乐行科技、开好店、凡泰科技

续表

主要领域	数量及占获融资小程序的总比重	细分领域	获投小程序数（家）	占所在领域的比重（%）	典型代表
工具	约19家，占比14.62%	企业服务类	6	31.58	金客拉、加推、递名片、多保、机器人、发票儿
		其他	13	68.42	黑咔相机、柠檬记账、不占座
社交	约10家，占比13%	—	10	—	忆年共享相册、go好玩、撞星、立问人脉
教育	约6家，占比4.6%	—	6	—	一休数学思维、斑马星空
媒体	约5家，占比3.85%	—	5	—	见实、车叫兽、有车以后

可见，小程序融资金额远超2018年，生活服务类小程序最受资本方青睐。

经历过从无到有的2017年和基础完善的2018年，小程序终于在2019年大爆发。阿拉丁数据显示，在2019年上半年小程序相关的融资中，投资机构进入的小程序领域更加广泛，从投资项目数量上看，网络购物、生活服务和服务商排名前三，但是整体分布类别较2018年有所增加，在一定程度上，趋于生态的成熟，有更多的小程序模式被认可。

2019年1—6月份的融资数据显示，截至6月30日，小程序相关的融资数量、金额远超2018年上半年，其中最受资本方青睐的还是生活服务类的小程序，其获得的投资占小程序总额的30.4%，生活服务类和服务商紧随其后，分别占21.7%和13%（见表4-3）。

表4-3　2019年上半年小程序融资一览表

月　份	融资项目	预计金额	基金公司
1月	即速应用	A+轮，5000万元	深创投及其旗下的深圳市人才创新创业一号股权投资基金
	邻邻壹	A轮，3000万美元	今日资本、高榕资本、源码资本、红杉资本、苏宁生态基金

续表

月　份	融资项目	预计金额	基金公司
1月	军武次位面	B轮,5000万元	真成基金、IDG资本
	鹰眼智选	天使轮,300万元	蓝海众力
2月	青团社	B+轮,数亿元	蚂蚁金服、保利资本、好未来产业基金
	松鼠拼拼	B1轮,3100万美元	高瓴资本、和玉资本、IDG、云九资本、美团网原COO干嘉伟
	AI拓客宝	天使轮,数百万元	个人投资者
	蝴蝶互动	战略投资,金额未披露	百度
	宠加	天使轮,千万元人民币	险峰长青、光速中国
	够货	A轮,金额未披露	贝塔斯曼亚洲投资基金、龙湖资本
3月	利楚扫呗	A轮,5000万元	富友集团、高文投资
4月	漫游鲸	Pre-A轮,2000万元	联想之星、平治信息、起点创投
	糖豆	C轮,1亿美元	腾讯、GGV纪源资本、顺为资本、IDG资本、泰合资本
	格斗健身	Pre-A轮,近千万元	联想之星、发现创投
	米多乐	天使轮,近千万元	熊猫资本
	微盟	战略购入,9682万股	腾讯
	有赞	9.1亿港元	腾讯
	小年糕	C+轮,金额未披露	贝塔斯曼亚洲投资基金
	元芒数字	天使轮,数百万元	保利资本
5月	同感	天使轮,数百万元	中信双创
	用呗	A轮,数千万元	清新资本、爱回收
	轻松住	Pre-A轮,240万美元	凡创资本、赛富合银
	同城生活	Pre-A轮,数千万元	百果园、真格基金、微光创投、元禾原点、同程资本
	同程生活	A1,数千万美元	亦联资本、真格基金、金沙江创投
6月	同程生活	A2,数千万美元	微光创投、元禾控股、贝塔斯曼亚洲投资基金
	兴盛优选	战略投资,金额未披露	腾讯、钟鼎资本

05

第五章　流量
CHAPTER 5　FLOW

02

05

小程序流量特征

QuestMobile数据显示,2019年上半年,国内移动互联网用户数"接近顶峰之后,目前维持在11.34亿,这背后,大平台的增幅也接近尾声,微信甚至出现了月度负增长,这也倒逼巨头纷纷布局小程序、深挖流量分发价值和用户价值,微信小程序、QQ小程序、支付宝小程序、淘宝轻店铺、头条小程序、抖音小程序、百度智能小程序……"。

除了"平台+小程序+圈地分割"外,从整体行业上看,变化也在出现,对比2018年8月和2019年8月的数据可见,手机游戏、生活服务、数字阅读行业的竞争在加剧,移动购物则进一步向头部集中。这背后,显示出各家"平台+小程序"的威力。

例如,微信小程序,重点在移动购物、手机游戏、生活服务(各约16.7%)方面,同程旅游94%、美团外卖63.1%、京东近28%的用户来源于微信小程序;支付宝小程序重点在旅游服务(23.3%)、出行服务(20%)、生活服务(20%)方面;百度智能小程序重点在移动视频(16.7%)、移动购物(13.3%)方面。

这也导致了不同行业开始出现分化,例如生活服务、旅游服务、新闻资讯,往往与巨头小程序密切相关,但是汽车服务行业往往与终端厂商合作,发力App、快应用,效果同样不错。

移动互联网巨头们之间的竞争已经从流量的竞争升级到平台的竞争,全景流量布局成为趋势。中国移动互联网用户规模超过11亿人,增速逐步放缓,行业内流量的获取和竞争越发严峻。巨头也面临增长压力,为了提升流量的分发效能,深层挖掘用户价值,巨头们纷纷布局小程序,平台化的竞争越发激烈。超级平台不仅给自己生态内的产品带来流量,而且还能赋能给其他产品和个人创业者,给予他们更多的发展机会。

谁能优先获得全景生态流量红利呢? 我们可从图5-1中窥见一二。

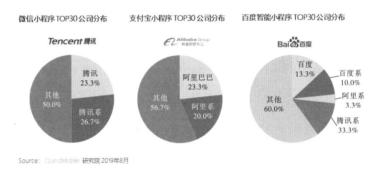

图5-1　微信、支付宝、百度在小程序方面的公司分布

腾讯系企业均优先获得微信流量加持,微信小程序已经是这些企业重要的流量来源与支撑。支付宝小程序广泛连接商业消费和生活服务,助力阿里体系App获取不同渠道流量。百度智能小程序利用搜索词关联、信息流推荐等智能技术,助力典型社区、视频内容产品发展。

不同行业开始出现分化,布局重点与流量获取与生态平台息息相关。

视频作为内容平台,通过独有流量的布局,扩大用户覆盖。如,芒果TV通过多渠道布局,月活跃用户数近2.5亿,微信小程序吸引的更多是25岁以上的男性用户。

小程序赋予了移动购物行业更多的用户发展机会,手机淘宝、拼多多的小程序用户规模均已破亿。

生活服务行业从微信小程序中获得的流量支持明显,部分微信小程序活跃用户数量占比超App,支付宝和百度智能小程序有待进一步发力。

数字阅读行业除了布局小程序之外,流量来源更为多元化,行业内更多玩家借助移动网页、站外H5等渠道,获得独有流量。

新闻资讯行业全景流量布局选择微信小程序平台居多,在布局微信小程序的新闻资讯行业中腾讯系头部优势较为明显。

BAT在流量上的开闸放水,其实也给了无数小程序开发者一个"薅羊毛"的机会。但从现实来看,要薅BAT小程序流量的羊毛却是难易各异。

根据QuestMobile发布的移动互联网全景生态流量洞察报告,我们可以窥得一二。在这份报告中,我们更可看到BAT流量扶持小程序的三大典型特征。

第一,腾讯和阿里在流量扶持上,最"疼爱"的还是自家"亲儿子"。

数以亿计的用户基数与高频使用,为BAT坐拥丰沛流量提供了现实保障。如此现实也使得众多小程序开发者趋之若鹜。但从现实来看,在流量扶持上,相对于百度而言,腾讯和阿里最"疼爱"的还是自己的"亲儿子"。

在QuestMobile的这份报告中,我们看到腾讯系典型玩家诸如同程旅游、猫眼、拼多多、美团等,优先获得了微信流量加持。可以说微信小程序的流量加持已成为这些应用最为重要的流量来源,诸如微信小程序对同程旅游的流量贡献率高达97.2%,对猫眼的流量贡献率高达89.8%。在用户规模500万以上的智能小程序中,腾讯开发占比达到了13.1%。

支付宝在流量扶持上同样如此,诸如其对哈罗单车的流量贡献率高达69.6%,可以说是强行给哈罗单车"输血"。除此之外,菜鸟裹裹、手机淘宝等阿里系典型产品在支付宝上获得的流量占比均超过了10%;而在支付宝小程序典型热门应用领域用户规模分布TOP20所属的公司中,阿里阵营的占比更为夸张,其中阿里巴巴占比达到了25%,其他阿里系占比达到了30%,二者合计瓜分了支付宝整体流量的半壁江山,可以说被吃掉了55%流量的支付宝,能够提供给其他小程序开发者的流量扶持,可能已经不多了。

百度智能小程序在流量上虽然也有对贴吧、糯米、爱奇艺、百度视频等的扶持,但其对这些产品的流量扶持倾斜力度远没有微信和支付宝对"亲儿子"来得那么猛烈。百度对它们的流量扶持最高的也没有超过总量的30%。百度在流量扶持上,倾斜力度更大的其实是非百度系产品。据QuestMobile公布的数据,目前用户规模TOP30的百度小程序中,行业主要集中在移动视频、生活服务和汽车服务等领域,非百度系占比高达83.3%。

当然,百度在流量扶持上对非百度系产品的大力倾斜,或许和百度智能小程序的开放性有着密切关系,毕竟百度在智能小程序上采取了完全开放的策略,奉行的是与行业伙伴共建"智能小程序开源联盟"原则,这与走封闭道路的微信小程序和支付宝小程序有着显著不同。

第二,流量扶持:精准分发可能比大水漫灌更为有用。

从现实来说,开发者们之所以对小程序分外上心,并且许多还乐于选择流量更为富足的微信作为小程序开发的第一站,其背后逻辑在于他们将平台流量与自家产品增量画上了等号,认为平台流量越强大,自身就越可能水多、鱼大。

但这明显是有逻辑漏洞的,正如前文所言,这些开发者只看到了流量富集的优势,却并没看到其中竞争的惨烈及流量扶持的倾斜方向。一个非常浅显的道理是,再多的流量,不倾斜到你这里来,事实上还是等于没有流量。

从另一个层面来说,流量并不等于增量,水多也未必会鱼大。对于小程序开发者而言,大水漫灌可能还没有精准分发来得有用。这从小红书在微信小程序和百度智能小程序的实践上可见一斑。

据QuestMobile的数据,2019年2月,小红书全景流量去重后超过9000万,其中百度智能小程序为小红书带来的新增用户数为1560万,约占小红书App的1/4,这与微信小程序的1758万相差无几。其中,小红书百度智能小程序与电商App重合用户占比为60.6%,微信小程序的用户占比为38.3%,这意味着约有945.36万人通过小红书百度智能小程序进入电商App,成为潜在消费人群;约有673.31万人通过小红书微信小程序进入电商App,成为潜在消费人群。

这一结果给小程序开发者们释放了两个重要信号。一是流量与用户导流并不一定成正比。从流量的角度来说,相对于背靠拥有众多用户的微信而言,坦率来讲百度还是稍逊一筹的;但从用户导流的结果来看,二者却相差无几。

二是在用户转化上,流量精准分发比大水漫灌更为有效。从以上数据也能看出,百度智能小程序为小红书带去了更为精准高效的用户转化。

造成这种现象的背后动力在于,以搜索引擎为支撑的百度智能小程序,其天然具备更为精准的目标需求导向,这使其相对于微信的曲线对接更为直接、有效。更别说百度AI技术、信息流等在分发上的助力作用了。

第三,小程序赋能效果显著,但腾讯、阿里流量的天花板或许也正在接近。

QuestMobile发布的这份报告,再次证明了BAT小程序对于各行各业所具备的强大赋能作用。上述的微信小程序导流同程旅游、猫眼,支付宝小程序导流哈罗单车、手机淘宝、菜鸟裹裹,百度智能小程序导流小红书,等等,皆是例证。

但正所谓阳光之下必有阴影,在BAT超级应用在赋能各行各业的同时,BAT自身的超级应用也面临着增速放缓的困境。这种现实困境使得这些独立封闭的超级应用在流量的扩展上也必然会在未来的某一刻触摸到流量天花板。

这种BAT超级应用触及流量天花板的问题,在当下已经初现端倪。诸如借助微信小程序崛起的同程艺龙,在当下或许已感受到了微信小程序的流量困境,转而进行流量来源的多元化布局。

在香港举行的2018年业绩发布会上,同程艺龙首席执行官马和平就表示:"作为小程序第一股,面对微信11亿的个人用户量,同程艺龙在流量端仍有很多的提升空间,公司也希望在未来两三年将微信的流量挖掘到极致,挖掘出流量优势和获客优势。同时,在优先小程序之外,公司也会基于投入产出比,尝试其他多元化流量渠道,如百度小程序。"

而同程艺龙在流量获取上的新动向,对于众多准备薅微信小程序"羊毛"的开发者而言,在某种层面上也是一种提前"预警"。

小程序构建私域流量的钥匙

2019年,一个全新的名词"私域流量"频繁进入我们的视野,它是伴随着社交电商和微商而出现的,但其并不是一个局部的概念,事实上它正在悄然改变着整个营销格局。

◎什么是私域流量

流量是互联网里的基本概念。这里的"流量"不是指移动联通的流量套餐，流量套餐里的流量指的是通信数据量。而在互联网中，流量指的是网站的访问量。过去常用的指标是PV(Page View)和UV(Unique Visitor)。

PV指的是页面浏览次数，放在公众号里就是阅读数。但是在这里有个问题，很可能一个用户访问了多个页面，也很可能打开一个页面还没看完就关了，这种情况很难说是有效的流量。于是我们使用的更多的是UV，UV指的是网站访问人数，即不管你打开过多少页面都算一个人的。简单来说，流量就是统计有多少人访问了你的网站、公众号、App、网店。

如果跳出来想，流量与互联网其实没什么直接关系。电视台也有流量。到了除夕晚上8点，大多数人会坐在电视机前看春晚，于是此刻春晚就拥有了世界上最大的流量。步行街也有流量。什么时候去重庆解放碑步行街都能看到来自各地的密密麻麻的游客。

流量早就存在，只是因为互联网的兴起，大家才认识到这个词而已。那么这些流量是属于谁的呢？谁能将其变现呢？对于网站而言，流量是属于网站主的。淘宝的流量属于阿里，百度搜索的流量属于百度。对于电视节目而言，流量是属于电视台的。春晚的流量是属于央视的。对于步行街而言，流量是属于谁的呢？是人民的，是公有的。当我们跳出互联网，站在不同的角度上定义流量时，会发现它的定义其实很简单：流量就是指线上或线下某一特定区域的访问人数。

我们还发现步行街和电视台的访问量是两种不同的流量，于是又可以将流量按照所有权划分为两类：公域流量和私域流量。公域流量是指不属于单一个体，被集体所共有的流量；私域流量是指属于单一个体的流量。

然而，绝对的公域流量是不存在的，任何区域都有主管单位，比如步行街是有步行街管委会的，在步行街上开店时要给管委会交租金。甚至连公园都是有管理处的，摆摊设点也是要交租金的。

公域流量和私域流量并不是绝对概念,而是相对概念。比如,一家开在步行街上的商场,商场里的流量相对于步行街就是私域流量,而步行街的流量相对于商场就是公域流量。同理,从百度搜索结果里打开了淘宝,淘宝里的流量相对于百度就是私域流量,而百度的流量相对于淘宝就是公域流量。再进一步分析,从淘宝里打开一个网店,网店里的流量相对于淘宝就是私域流量,而淘宝的流量相对于网店又成了公域流量。公众号的流量相对于微信就是私域流量,微信的流量相对于公众号就是公域流量,但是微信的流量相对于苹果iOS就是私域流量。

之前我们看到过很多文章对私域流量的定义,基本都是站在电商或是自媒体的局部领域相对于淘宝或者微信来进行定义的。举例如下。

> 私域流量,是商家可以自己去把握的流量,也就是我们最近一年都在强调的例如微淘流量、直播流量、群聊等渠道引进的流量,这些统称为私域流量,微淘为其中非常重要的一个入口。
>
> 私域的定义是,品牌或个人自主拥有的、可以自由控制的、免费的、可多次利用的流量。私域通常的呈现形式是个人微信号、微信群、小程序或自主App。
>
> 私域流量指的是需要通过沉淀及积累来获得的、更加精准、转化率更高的垂直领域流量。主要例子有微信公众号内容推文带来关注公众号的用户,微信朋友圈分享进群的用户,淘宝直播粉丝,等等。

◎ 小程序构建私域流量

有赞联合创始人黄荣荣在一次会议上如此阐述小程序构建私域流量的途径:"每天至少有8亿笔的电子支付,很少有人拿着现金出去买东西。在这样大的池子里面和用户使用场景里面,商家开始不断私有化自己的顾客资产,把这些原来在大的平台上面的流量慢慢集中到新的社交场所里;在新的社交场所当中,把消费者慢慢变成私有的客户,形成私域流量;形成私域流量再给客户提供更好的产品服务,让他去分享,让他去裂变,变成自己新的客户,这是一种新的流量拉取的方式。

"原来我是买流量的,现在变成我要聚集流量,用这个流量再裂变流量,这个是跟原来平台有相当大的差别。他们开始不断私有化,原来那些商家在这样的方式下开始两条腿走路了。哪两条腿走路?平台电商和自营电商并存。我在平台上面原来是有店的,我继续做,我投了广告,虽然这些客户都不是我的,都是那些平台的。

"买过我东西的人,我要把他们慢慢转变,我有我自己私有的客户,把他们引到我的公众号里面,引到小程序里面,在公众号和小程序里自己做一个自营的电商,把各个渠道里的阿里的流量、京东的流量、唯品会的流量全部集中在自己的公众号上,多方位的流量全部集中过来,同时在公众号上做自己的商城,两条腿走路,在购买流量的同时不断沉淀自己的流量,这就是我们今天看到的在整个大的移动社交战略环境下,商家开始用的新的方式。很多商家开始去用小程序了,尤其是在2018年小程序爆发的时候,越来越多的电商商家开始往里面走,这是一个流量的入口。事实上这只是其中冰山一角,尤其是大的品牌也都开始建立自己的私域流量。"

小程序跟绝大多数人所熟悉的中心化入口不一样,用户是没有感知的,当用户进入某个场景,它就会马上被激活,而不是我们过去所熟悉的中心化入口,需要把人拉过来,然后才能把服务触达强推给用户。

比如说,到肯德基去消费,服务员说,你可以扫码进入小程序,然后一扫,就进入了一个点菜的小程序。再比如说,正在跟朋友聊天,突然,对方推了一个小程序给我,可能我自己还不知道什么情况,我就直接进入小程序了。

小程序的流量分发体系几乎是基于用户使用的场景而存在的,那么,从流量角度来看,小程序更像微信流量的连接器,把公众号体系(文章、导航、模板消息)、社交社群、线下(门店小程序、附近小程序)等流量无缝地导入场景。

同时,小程序的优点还有很多,够轻便,试错成本也低,这就是为做好私域流量和私域流量增长提供最好的技术工具。

微信小程序流量入口

首先我们来罗列一下微信小程序官方的64个入口,在未来可能微信还会开放越来越多的入口给小程序(见表5-1)。微信小程序开放的流量入口是所有平台中最多的,微信也是最重视小程序发展的。流量意味着命脉,微信扶持小程序背后的深意路人皆知,微信要借助小程序连接大量的线下实体,从而完善自己的生态,在整个移动互联网战事中占据先发优势。

表5-1　64个微信小程序入口清单

主界面"发现"菜单栏(4个)	微信主界面底部 发现—小程序—附近的小程序 发现—小程序—我的小程序 发现—小程序—最近使用小程序
搜索栏(5个)	顶部搜索框的搜索结果页 顶部搜索框搜索结果页"使用过的小程序"列表 发现—小程序主入口搜索框的搜索结果页 "搜一搜"的结果页 添加好友搜索框的搜索结果页
公众号关联、公众号图文(11个)	公众号自定义菜单 公众号文章插入小程序 公众号文章插入商品卡片 公众号关联小程序 公众号模板消息 公众号会话下发的小程序消息卡片 公众号对话框 客服消息列表下发的小程序消息卡片 页面内嵌插件 公众号profile页相关小程序列表 小程序profile页

"扫一扫"（10个）	扫描二维码 长按图片识别二维码 手机相册选取二维码 扫描一维码 长按图片识别一维码 手机相册选取一维码 扫描小程序码 长按图片识别小程序码 手机相册选取小程序码 iOS 11版本的原生相机可扫描小程序二维码
广告入口（3个）	朋友圈广告 公众号文章内的广告位分为文章中和文章后 小程序广告组件
"我"菜单栏入口（9个）	微信钱包（第三方服务） 城市服务入口 微信支付完成页 支付完成消息 微信支付签约页 二维码收款页面 微信、卡包、会员卡入口 卡券详情页 卡券的适用门店列表
好友、聊天入口（5个）	好友会话中的小程序消息卡片 群聊会话中的小程序消息卡片 好友会话资料的聊天小程序 群聊会话资料的聊天小程序 聊天记录
App小程序之间的跳转（8个）	App分享消息卡片 小程序打开小程序 从另一个小程序返回 长按小程序右上角菜单唤出最近使用记录 小程序顶部的音乐播放器菜单 小程序模板消息 关联模板消息 带shareticket的小程序消息卡片
QQ浏览器（2个）	QQ浏览器导航栏 QQ浏览器关键词搜索关联小程序

续表

企业微信、小程序入口（3个）	工作台 聊天附件栏 通讯录成员的对外消息
其他（4个）	自动化测试下打开小程序 摇电视 安卓系统桌面图标 微信Wi-Fi状态栏

◎主界面"发现"菜单栏

主界面"发现"菜单栏为小程序的主要入口，也是一级入口。微信小程序大部分的流量都来源于此（见图5-2）。

图5-2　主界面"发现"菜单栏

微信"发现"菜单栏是微信小程序的主入口。"附近的小程序"涵盖5千米范围的流量入口（见图5-3）。

图5-3　小程序界面

最近使用的小程序入口简单快捷。对于经常使用的小程序可以添加为我的小程序，功能与收藏夹类似。

◎搜索栏

微信的搜索栏共有5种，具体如下（见图5-4、图5-5）。

①顶部搜索框的搜索结果页。

②顶部搜索框搜索结果页"使用过的小程序"列表。

③发现—小程序搜索框的搜索结果页。

④"搜一搜"的结果页。

⑤添加好友搜索框的搜索结果页。

图5-4　微信"搜一搜"结果页　　　图5-5　添加好友"搜一搜"

◎公众号关联、公众号图文

微信公众号可植入小程序的地方非常多,这样就意味着入口非常多。微信经过几年的培育,公众号成为一个流量聚集地。开放更多的公众号进行小程序链接是非常快的方式(见图5-6、图5-7)。

图5-6　公众号文章嵌入小程序入口(以极物生活馆小程序为例)

图5-7 公众号菜单栏入口(以极物生活馆小程序为例)

◎ 扫一扫

虽然"扫一扫"的入口多达10个,但是常用的并不是很多。目前而言更多的是以扫码为主(见图5-8、图5-9)。

图5-8 扫一扫
(小程序官方组件展示小程序)

图5-9 识别小程序二维码
(小程序官方组件展示小程序)

◎广告入口

随着小程序应用的越来越广泛,朋友圈出现小程序广告的情况也越来越频繁。基于大数据分析后的推送,让微信的小程序广告更精准、高效(见图5-10)。

图5-10　朋友圈广告(链接官方商城小程序)

◎微信"我"菜单栏的入口

"我"菜单栏大量小程序入口集中在支付板块(见图5-11)。

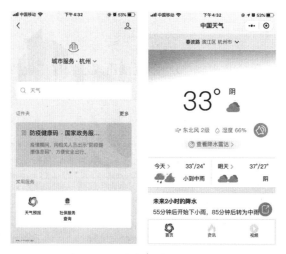

图5-11　支付板块服务入口

支付宝小程序流量入口[1]

　　微信的流量入口,受众面广一些,用户打开的概率也比较大。而支付宝体系做信用、生活类的小程序相对来说比较有优势。相对于微信的社交场景,支付宝则更倾向于交易场景。经过不断的演化,小程序逐渐成为一个打通线上线下的入口。支付宝和微信的区别在于:支付宝是通过场景引导,为阿里生态体系中的线下阵地引流;而具有社交属性的微信,则是通过将线下的场景入口导流到线上,从而实现微信的流量增值(见表5-2)。

表5-2　35个支付宝小程序入口

主入口	支付宝"朋友"菜单栏顶部小程序入口
	添加到安卓、苹果系统桌面
	支付宝小程序中的"附近的小程序"
	支付宝小程序中的"收藏"
	安卓版支付宝小程序
	支付宝小程序—服务提醒

---

[1] 本节引自微信公众号"知晓程序"(ID:zxcx0101),作者冷思真。

续表

搜索入口	支付宝首页顶部搜索栏 首页顶部搜索栏中的搜索发现 支付宝朋友栏顶部的搜索栏 支付宝首页顶部搜索栏使用过的小程序 支付宝小程序中的顶部搜索栏 苹果版支付宝小程序初始化推荐
生活号入口	生活号文章内图文关联小程序 生活号文章中插入小程序 生活号详情页 生活号自定义菜单 生活号图文消息封面
扫一扫入口	扫描线下二维码 长按图片识别二维码 相册选取二维码 AR识物
分享入口	朋友对话中的"小程序卡片" 群消息中的"小程序卡片" 支付宝朋友动态 钉钉朋友消息 钉钉群消息 "吱口令"可分享到微信、WW等垂直频道
频道入口	应用中心的"第三方服务入口" 首页卡包入口 城市服务、车主服务、医疗服务等垂直频道 天天有料—精选小程序 芝麻信用—信用生活

◎ 支付宝核心入口

1. 扫一扫

"扫一扫"是几乎所有小程序都有的入口。线下扫码的场景随处可见,线下扫码是很多共享类小程序的主要入口之一。如图5-12所示,支付宝扫码进入哈罗单车小程序界面。

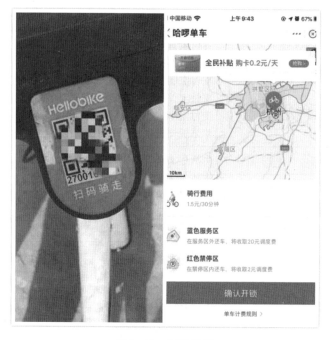

图 5-12　扫码骑行

2. 搜一搜

"搜一搜"也是用户习惯使用的入口。支付宝 6 个搜索入口都可以成为用户检索小程序的窗口：

①支付宝首页主搜索框，这是最大的线下和线上入口；

②朋友主菜单栏—搜索框；

③进入小程序顶部搜索框；

④支付宝—小程序—我的—顶部搜索框；

⑤支付宝—口碑—顶部搜索框；

⑥支付宝—朋友—通讯录顶部搜索框。

3. 生活号

支付宝的生活号也是小程序的重要入口之一。在顶部搜索框搜索或者"最近访问"栏中都能找到小程序（见图 5-13）。

图5-13　支付宝生活号小程序

　　生活号的图文页和详情页也可以为小程序引流。这和微信是非常相似的，都是在主页面显示绑定的小程序，也能通过图文引流小程序（见图5-14）。

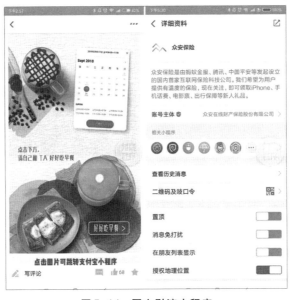

图5-14　图文引流小程序

生活号里有的小程序基本都会引导用户关注生活号,方便向用户发送活动通知,而生活号也能成为用户进入小程序的入口,二者相辅相成,一同增加用户黏性。

4. 收藏

喜欢的和常用的小程序也能直接把它加入"我的收藏",更方便下次打开。

小程序的收藏入口比较好找,在"朋友—我的—我的收藏"里面可以找到最近使用过和收藏了的小程序(图5-15)。

不过有部分支付宝官方出的小程序即使不在小程序收藏里,也能在首页直接打开,比如蚂蚁森林、蚂蚁庄园等。一般情况下这都是阿里系自己的产品小程序或者相关联企业的小程序。

图5-15 收藏中的小程序

5. 支付成功

作为移动支付工具，付款是支付宝使用最多的场景了。每次付款完成后，付款页面除了红包、权益，还可能会有小程序的推荐，点击小程序的推荐，也可以直接进入小程序。

6. 卡券

如果领取了相对应的卡券，那么卡包也能够打开相对应的小程序，没有领取卡券，也会有相应的小程序推荐（见图5-16）。

图5-16　卡包引导小程序

◎常用入口

1. 服务提醒

支付宝的"服务提醒"是一个常用的信息发布渠道，同时也可以打开已经使用过的小程序（见图5-17）。

图 5-17　服务提醒

2. 桌面

用户经常会把常用的应用或者小程序添加到桌面,方面二次使用。而将小程序添加到桌面也是一种非常快捷的方式。用户即使没打开支付宝,也能点击桌面的图标开始使用小程序。

3. 小程序

小程序也是有其固有的应用页面的。打开小程序应用,可以看到"我的收藏""最近使用""为你推荐",还有滚动轮播图。

◎ 应用入口

只要搜索到对应的应用,就能在应用中点击进入相对应的小程序。这种快捷便利的方式也是常用入口,比如城市服务、缴纳费用、车主服务等。低频使用的小程序相对入口会深一点,高频使用的小程序入口会比较多(见图5-18、图5-19)。

图 5-18　城市服务　　　　　　　　图 5-19　车主服务

不过遗憾的是,相对应的类目如蚂蚁会员,目前只能进入相对应的小程序。支付宝里这种相对封闭的入口还是有待改善的(见图5-20)。

图 5-20　蚂蚁会员

◎ 分享入口

支付宝小程序也是可以通过分享进入的,支付宝和钉钉的会话、群聊都能直接分享支付宝小程序(见图5-21)。

图 5-21 分享小程序

　　而淘宝分享到微信的淘口令也被支付宝小程序继承并变身为"吱口令",用户打开"吱口令"即可进入支付宝小程序。小程序的分享图也能被第三方应用所识别,完成分享(见图 5-22)。

　　让人惊喜的是,支付宝的小程序也能在微博进行分享、传播,这为支付宝和微博打通并扩充了流量渠道。

图 5-22 "吱口令"

◎活动入口

除了以上这些常规入口外,支付宝还为小程序开放了一些活动分享的入口。不过目前这些入口还有一定的限制,支付宝一直以来定位于支付与服务,缺乏社交基因,在社交行为上相对于微信还是比较弱的。

◎单一入口

让人惊喜的是"每日必抢"小程序在支付宝首页下方有一个足够大的入口。作为支付宝和淘宝一起推出的针对拼多多的保卫战,点击"每日必抢"区域,就可以直接进入该小程序(见图5-23)。支付宝希望此举能抗衡拼多多。

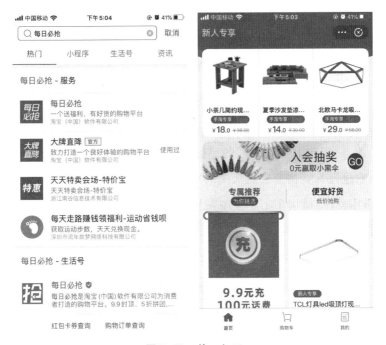

图5-23　单一入口

◎彩蛋入口

支付宝还有一个从未被官方提及的彩蛋入口——长按任意小程序右上角的

关闭键就能看到最近使用的8个小程序,点击也能直接完成跳转(见图5-24)。

图5-24 彩蛋入口

支付宝和微信的小程序入口有很大的不同。虽然支付宝并未刻意地强调小程序的服务,但是其大受欢迎的蚂蚁森林、蚂蚁庄园等应用都已默默转换为小程序。它也没有微信上红红火火的小游戏类目,但是与信用分绑定的租赁小程序、会员小程序、城市车主小程序在其固定的入口发展得红红火火。

相对微信比较开放的生态,支付宝在小程序发展上还是略显保守。这跟支付宝作为支付工具的产品属性是有关系的。不过我们可以畅想未来支付宝小程序的生态将越来越完善,作为交易工具,支付宝具有天然的优势。

百度小程序流量入口

百度小程序作为百度信息流生态中的重要组成部分,在百度内部的重要性越来越凸显。百度给到小程序的流量入口也非常多(见表5-3)。

表5-3 百度小程序入口

App小程序类目	首页下拉二楼最新使用 我的—小程序 热门推荐 我的小程序使用列表 小程序中心
生态入口	百度地图 百度网盘 Apollo车载场景 百度手机助手 好看视频 百度糯米 百度知道 百度卫士
搜索入口	搜索直达 语音直达 阿拉丁结果 小程序搜索 熊掌号 小程序聚合卡片 小程序单卡—高级卡
信息流入口	Feed推荐 Feed消息提醒 文章自动挂载 文章作者挂载 视频自动挂载 UGU作者挂载
其他入口	二维码入口 Push推送 闪屏 百度贴吧互动入口
第三方入口	百度视频 爱奇艺 携程旅游 猎豹 快手 ……

◎重量级入口

1. 搜索框下拉入口

这个入口是百度首创的,也是百度仅有的,输入对应关键词的时候,就会在搜索框下拉栏里显示小程序。在搜索时候能有这样一个下拉,直接进入百度小程序并进行转化,品牌和流量价值都很大,估计百度目前只是给到前期一些优质的企业进驻(见图5-25)。

图5-25　搜索框下拉入口

2. 首页搜索入口

这也是百度小程序不同于微信小程序的一个重要的入口。有个别企业的移动端网站,根据百度小程序的要求做了改造,包括很早就改版了的百度贴吧和斗鱼直播。此外,在搜索品牌词或一些关键词时,小程序的内容也能被搜索出来,这也证明百度在抓取百度小程序的内容。后续站长只需要把小程序的内容运营好,也能获得不错的搜索流量,做小程序搜索引擎优化(Search Engine Optimization,SEO)也具有一定价值(见图5-26)。

图5-26 首页搜索入口

3. 百度首页信息流推荐入口

不同于字节跳动的机器算法,百度是根据自己独立的搜索机器算法,根据用户的搜索习惯,把小程序推荐到对应的用户前面的。一些前期入驻或者优质的小程序,将得到百度的推荐,获得更多信息流机会展现(见图5-27)。同时还可以预测,小程序广告也是百度信息流广告的重要载体,往后很多的百度信息流广告投放,会从移动官网、H5变成体验更佳的百度小程序。

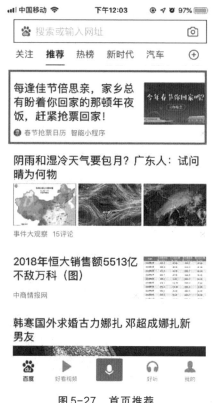

图 5-27　首页推荐

4. 百度首页下拉入口

这个最初应该是学习微信小程序的做法。微信推出小程序已经有一段时间了,已经为百度积累了一些用户习惯,这个入口相信用户使用频率比较高,也是一个非常重要的入口。从这个入口,可以直达百度小程序首页(见图5-28)。

图5-28 首页下拉入口

5. 百度个人中心最近使用入口

百度个人中心页里有好几个小程序的入口,其中最重要的是数据栏目底下的比较显眼位置的最近使用入口,微信小程序也很早推出了类似入口。这个入口把最近使用过的一些小程序按时间顺序排列,可以往右拉,点击最右边,还可以进入百度小程序首页(见图5-29)。

6. 百度语音搜索入口

百度语音搜索入口,也是其特有的模式,是百度结合自身AI语音技术而做的一个重要的小程序入口。百度AI方面的技术目前在国内处于领先地位,语音搜索的精确度很高,跳转也很快(见图5-30)。

图5-29　最近使用　　　　　　　图5-30　语音搜索入口

◎二级入口

除了上面6个重量级入口之外，还有4个重要入口为二级入口。这4个入口没有一级入口位置那么明显，但也是非常重要的，承载着百度小程序很多中心化流量、搜索流量及长尾流量。

1. 个人中心中的历史入口

在百度个人中心中，有一个"历史"入口，点击进去后，可以查看最近使用过的所有小程序（见图5-31）。

图5-31 历史入口

2. 个人中心中的常用服务入口

百度个人中心的常用服务,是百度小程序中心化流量分发的最重要入口,有点类似于微信支付的九宫格。里边既有百度自己的产品,例如本地生活,就给了百度糯米、度小满钱包、火车票等免流量特权;而酒店就给了同程艺龙;查违章给了齐车大圣。此外,还有京东特供、携程旅行、优信二手车及苏宁易购。常用服务都是一些前期进驻的大企业,涵盖电商购物等多个服务(见图5-32)。

图 5-32　常用服务入口

3. 百度首页信息流分类栏目导航入口

添加信息流内容分类有两个隐藏的入口,在旅游及汽车板块里边,旅游底下的酒店、火车票、机票,都是携程旅游的小程序入口,汽车板块底下也有5个不同的类别,分别对应5个不同的小程序入口,再次给前期进驻的大企业导流(见图5-33)。

4. 个人中心中的小程序首页入口

前面讲过,在百度个人中心栏里,有个最近使用的入口,右边点击进去,就进入了百度小程序首页,小程序首页里边也有4个不同的三级入口(见图5-34)。

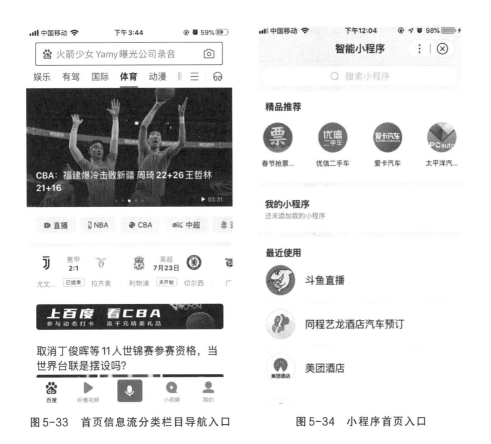

图 5-33　首页信息流分类栏目导航入口　　　　图 5-34　小程序首页入口

◎ 三级入口

梳理完 4 个重要的二级入口后,最后是 5 个更深的入口,可以称为三级入口。三级入口大多存在于百度个人中心的小程序首页中。

1. 搜索小程序

首先要讲的是在小程序首页顶部的搜索入口,在输入框里输入对应的内容,就能搜索出来对应的小程序。这些小程序是按照一定的顺序从上到下排列的(见图 5-35)。

图 5-35　搜索小程序

2. 精品推荐

在小程序首页中的搜索框底下,有一个"精品推荐"栏,一般会推荐 4 个小程序,而这 4 个小程序每次进入基本都不一样,应该是随机的(见图 5-36)。

3. 我的小程序

在"精品推荐"栏底部,有一个"我的小程序",这个功能估计也是学习了微信小程序中的"我的小程序",一些个人常用的比较重要的小程序,都可以被收藏起来放在这里。另外,在百度首页下拉进入后,也有一个"我的小程序",跟前面讲的是一样的,只是多了一个入口。但相比微信小程序中的类似功能,这个入口比较深,不方便找到(见图 5-37)。

图 5-36　"精品推荐"　　　　　图 5-37　"我的小程序"

4. 最近使用

这个功能跟百度个人中心首页的"最近使用"是一样的,另外跟个人中心页的历史入口也是一样的。看得出来百度对这个曾经使用过的小程序历史比较重视。另外,添加到"我的小程序"中的小程序,在最近使用的小程序右边,有个星号标记(见图 5-38)。

5. 大家都在用

最后一个是首页下拉中的"大家都在用",跟小程序首页的"精品推荐"类似,都是百度统一推荐一些比较优质的小程序给用户使用(见图 5-39)。

图 5-38　最近使用　　　　　　　　图 5-39　大家都在用

从目前的 15 个小程序流量入口可以看到,百度对小程序是给足了资源的。百度在未来还会继续释放更多的流量入口,做更多的调整以大力扶持小程序。

今日头条小程序①流量入口

文章详情页的入口大家应该都能想到,快应用、支付宝、微信在图文文章中都有对应的小程序入口,提供信息的今日头条更不例外。

微头条小程序的呈现形式则与微博商品的展示相似,微博内容下方的“去

---

① 本节仅以字节跳动公司下的今日头条小程序为例进行介绍。

看看"可以直接跳转到淘宝,微头条内容下方也有小程序可以直接点击跳转(见图5-40)。

图5-40　微头条小程序

小视频的右边有小程序按钮,点击可以直接跳转。这个入口值得大家重视的原因是抖音,作为字节跳动的王牌产品,如果刷短视频的时候跳转到小程序就能完成购买变现或拉新,那么这对创作者、开发者、用户来说都具备不小的吸引力(见图5-41)。

搜索入口对于小程序来说至关重要,不过刚刚发布小程序的今日头条还出现了部分小程序搜索不到的情况,这也只能等待后期的继续优化了。

个人中心的小程序入口显示的则是最近使用过的小程序,算是一个无功无过的入口(见图5-42)。

图 5-41　小程序按钮

图 5-42　个人中心的小程序入口

同在个人中心的"我的钱包"里也有不少小程序的入口,目前钱包里"其他服务"的小程序只包括了猫眼电影、小米商城、58本地生活服务3个小程序。这不免让人想到微信钱包里的"第三方服务",微信将这个黄金VIP位置交给了盟友,孵化出了很多上市企业。

不过遗憾的是"我的钱包"中的"今日游戏"入口推荐的仍是传统游戏,不知道在未来小游戏会不会也能出现在这个入口(见图5-43)。

图5-43 "今日游戏"入口

账号主页下方会显示头条号创作者拥有的小程序,对关注头条号的粉丝来说,这是一个能得到足够多曝光的入口。

信息流广告位对开发者来说倒是足够惊喜,作为信息流广告收入主流梯队的头条或许会将智能推荐的信息流作为激励奖品,吸引更多的开发者共筑生态。

06

第六章　行业

CHAPTER 6　INDUSTRY

06

小程序+旅游

随着人们生活水平的提高,旅游产业也得到了突飞猛进的发展。国内旅游业逐步成为国家经济发展的战略性支柱产业。世界旅游组织研究表明,当人均GDP达到5000美元时,旅游行业就会步入成熟期。随着互联网的发展,这个非常传统的行业也面临着诸多挑战。越来越多的O2O模式让小旅行社的生存变得艰难。携程、同程艺龙、飞猪等平台的出现正在快速收割用户和资源。

2020年新型冠状病毒肺炎的爆发,让整个旅游产业陷入停滞,抗风险能力差的企业纷纷倒下,而那些很早就布局线上的企业,却在疫情之下寻找到新的业务突破口。

那么小程序的出现究竟能给旅游产业带来什么呢?小程序的哪些特征是适合旅游行业的呢?

◎旅游类小程序的特征

1. 微信内容易于传播

据统计,2019年,微信的月活跃用户带动的直接信息消费近2000亿元。据此可以看出,小程序的工具属性为消费装上了全新的引擎。

2. 用户体验感良好

低频需求的旅游行业非常适合小程序发挥优势,它具有小而美的优点。不占内存,不用下载、安装,随时随地可用,不费流量,页面跳转速度快,体验相比App更好。

快捷、轻便,用户用完就走,没有多余的广告推送,也没有复杂的功能,对于每年出游次数不多的游客来说,微信小程序非常满足此种需求。

3. 获客成本大大降低

众所周知,由于旅游单价较高,因此旅行社的获客成本也相应很高。随之带来的是高昂的开发和推广成本,用传统模式开发App已经不适合目前的发展。特别是对于创业型旅游公司而言,小程序相对低廉的开发成本和维护费用为他们提供了一条全新的线上通道。

4. 节省用户订票时间

旅游消费相对来说是比较低频的,绝大多数的用户一年出游次数在1—2次,下载App会长期占用内存,即使下载也费时间,更不要说排队买票了。而小程序解决了这个难点就等于抓住了市场的痛点。

5. 提高用户订票服务体验

旅游业是一个以线下服务为主的行业,而小程序正好能从线下桥梁中吸引流量,转化为线上购票,再落地到线下旅游。

在这个环节中涉及旅游景点、酒店、火车站等,而小程序作为连接线上线下的桥梁,扫一扫就进入购票入口,用户很容易就接触到旅游服务。

6. 帮助商家提高营销效率

小程序在获取用户数据的同时,对用户进行有效的画像描绘,有助于更好地对用户进行维护和运营。微信庞大的月活跃用户基数也让旅游行业由被动地寻找用户变成主动吸引用户。除了景点本身的魅力外,旅行社要思考如何更好地传达服务,而在未来3年内开启红利新旅程的微信小程序无疑是旅行社很好的选择。

◎ 旅游业微信小程序的商机

微信小程序的商机在哪里,很多创业者和商家都在不停地思考这个问题。有人认为在流量上,也有人认为在工具属性上,还有人认为在小程序的应用场景上。

小程序上线之初,就被誉为是App的取代者,用户不需要下载就可以使用。而且小程序的工具属性将满足线下各种应用的实现。在旅游行业也是如此,旅游类微信小程序的开发,将帮助用户更好地实现旅游线路的确定、旅游门票的预订等,其将帮助用户更好地享受旅游,从而提高用户的体验感。

微信公众号的运营,重点是内容上的运营,对于微信小程序而言则不是如此,小程序是一款工具,所以无论是以何种形式进行小程序的推广,首先要做的就是将小程序的功能属性提升上来,让其能够真正解决用户在实际生活中遇到的问题,其次就是通过小程序的各种入口进行流量的获取,只有流量增多,盈利才能增多。

那么,应该如何来打造旅游类的微信小程序呢?

第一,满足用户的直接需求,小而美。

高频用户一般倾向于自己下载App,低频用户基本上都选择在微信中使用。试想一下,一个一年就旅游一两次的人,会专门为了订一张机票或者火车票而去下载一个App吗?这时候,不占手机内存的小程序的优势就发挥出来了,在小程序上直接下单就能实现需求,随时可以使用。开发小程序的逻辑就是做深做透,需求简洁、小而美的东西可以最直接地满足用户的需求。

第二,尽量简洁。

在旅游小程序中没有常见的促销活动来刺激预订,只满足用户已经产生的需求,也很少会有发表评论的入口。虽然评论是商家进行决策的参考因素之一,但是发表评论的人只占所有用户的10%,所以商家可以放弃。

第三,保持功能的完整和流畅。

以思途酒店小程序为例,它选择了没有首页的小程序,用户点进小程序直接就能看到酒店详情。思途酒店负责人说道:"我们作为专业开发小程序的互联网领先者,深刻洞悉用户的真正需求。小程序就是要突出简单、简洁,做一个首页会分散大多数用户的注意力,降低业务的转化率。因此综合各方因素,我们放弃了很多不必要的东西。"

第四,注重标题、介绍和时间。

经过调查研究,我们发现微信小程序的搜索主要根据以下几点来排名:小程序上线时间、标题、描述、用户使用数量。以后还会有更多因素,但就目前来看,标题、介绍和时间非常重要。微信小程序的标题描述一定要包含品牌词或核心关键词,没有关键词则用户很难找到符合自身需求的目标。

[案例:同城艺龙(小程序第一股)]

2018年11月26日,同程艺龙挂牌港交所,被称为是"小程序第一股"。截至2019年3月15日收盘,同程艺龙市值为355.9亿港元,与上市时相比增长超过134亿港元。

市值猛涨背后,当然是布局小程序为同程艺龙带来的月活跃用户、月付费用户的大幅度增长,以及业务的进一步延伸。在微信支付页面独享两大入口,也是其区别于其他团队的主要特征。

同程、艺龙在2017年12月29日宣布合并,2018年3月份做出"All in"小程序的策略,事实证明这一决策非常正确。

在微信生态热度的加持下,利用小程序进行流量变现,是一次正确的决策。无论收益还是流量,同程艺龙都获得了超额的回报。

作为腾讯战略投资的一家公司,微信在支付界面九宫格给予同程艺龙一个超级流量入口(酒店)。进入小程序后同程艺龙的核心业务一目了然(见图6-1)。

图6-1　同程艺龙微信小程序界面

票务预定、酒店住宿、景点票务是同程艺龙的核心板块(见图6-2)。

图6-2　同程艺龙微信小程序板块分布

同程艺龙微信小程序基本上承载了其App的核心功能,而且界面更为直接,完全符合低频消费、高频下单的特点。

同程艺龙CMO王强在谈到同程艺龙小程序时表示:"小程序给到公司的回报是最好的,我们在小程序的赛道上投入产出比是最高的,在这个阶段,我们一定会是'All in'的,会把公司的人力、物力等能够想到的所有资源,都扑上去打。"

他还说:"我们内部有一些'赛马'的机制,鼓励全民去创新,而创新的对象都是针对如何去结合小程序的特点,我们有更多的创新奖金和创新投入,都是投在小程序平台上的。"

[案例:飞猪]

2019年9月,飞猪正式与支付宝小程序打通。未来两端的互动、交易、订单和服务都将相互连通,商家无论在飞猪还是在支付宝小程序上架,都可以在经营私域流量的同时,享受到来自阿里生态公域流量的补充(见图6-3)。

支付宝小程序通过整合其丰富的运营工具,以及开放能力,赋能B端商户更好地运营,且进一步助力各行业商户快速对接整个阿里生态。

图6-3　飞猪支付宝小程序界面

　　在支付宝首页"火车票机票"窗口对应的就是飞猪的小程序,其页面设计和同程艺龙类似。主要还是依靠支付宝的流量,以及支付宝便捷的支付功能。

　　飞猪支付宝小程序有以下几处亮点:

　　亮点1:飞猪接入了12306官方小程序,在购票体验上更胜一筹(见图6-4)。

图6-4　飞猪支付宝小程序接入12306官方小程序

　　亮点2:在线上可选座,满足出行的个性化需求,比较人性化。

小程序+电商

　　中国电商发展到今天,以京东、天猫、淘宝为首的称雄格局似乎难以被撬动,电商再创业似乎成为一种不可能的神话。

　　然而,拼多多闪电般地崛起打破了这个"僵局"。鱼贯而入的还有云集、有赞、微盟、SEE店铺、靠谱好物等电商新物种。

　　回顾中国电商发展经历的阶段,阿里和京东分别是B2B和B2C两个发展阶段的跨越性代表。在PC时代的1998年,是以阿里、敦煌、易趣等为代表的B2B

电商阶段。从2004年开始B2C电商时代，彼时兴起的有京东、当当、凡客、天猫等；从2008—2011年是垂直电商的爆发年，聚美优品、唯品会、洋码头、苏宁等都在这个阶段兴起；继而是在移动互联网时代，带来了拼多多、微店、云集等社交电商的蓬勃发展。

如果说在移动互联网时代，LBS技术给滴滴、美团点评、今日头条等巨无霸创造了成长的土壤，那么在移动互联网环境下，微信生态的大爆炸、小程序的系统性穿透力将推动电商创业的新一波浪潮。

"帮我砍一刀。"

"来，拼一单。"

这样的朋友圈诉求似乎已经成为一种新的社交语境。

这是小程序电商引发的"社交风暴"。小程序带来的用户裂变目前成效最显著的是拼多多。

在"App+微信+小程序"的场域中，拼多多用了不到3年时间，就捕获了3亿多个用户，从上市后首份财报的数据显示，拼多多的营收和活跃买家数双线劲增。

除了拼多多，在小程序的生态下跑出来的还有已经上市的有赞、已经上市的微信第三方服务商微盟。此外，百亿的云集、一条、SEE小店铺、享物说等小程序原生态玩家已经成为小程序的第一波红利收割者。

传统电商企业也开始到微信小程序中"掘金"，京东、唯品会、美团点评、蘑菇街、美柚等已经开始效仿拼多多的运营，赢取小程序生态红利。

京东作为第一波小程序的入局者，在App用户增长减缓的今天，在小程序的渠道入口创造了超40%的分享率，2019年"6·18"期间，京东拼购下单量同比增长近24倍，下单用户数同比增长超过17倍，新下单用户数环比5月日均增长超过280%。

目前，小程序日均用户超过3亿人，小程序给微信带来了创立生态的巨大机会。一提到微信小程序，首先想到的是微信超过10亿的月活跃用户数，在手机上微信超过50%的用户使用市场，以及微信能够开辟的渠道下沉的底线城市的流量蓝海。

技术、资本、流量带来的是小程序生态的爆发，然而，小程序里有的不仅是流量,在运营、场景等方面的匹配上则是另一个维度。

目前,小程序的电商赛道已经形成,如何"掘金",如何在这一波浪潮中找到机会,如何利用好微信这一系统性机会将是一大考验。

被舆论误认为"做不好电商业务"的腾讯,已经通过投资京东、拼多多、美团,强势实现"战略存在"。现在,电商和线下零售日益融合,在大数据、AI、LBS技术的加持下,智慧零售已经成为互联网行业的热门名词。腾讯不能输掉智慧零售这一仗,而微信小程序是其最重要的砝码。

事实上,早在2018年的"双11",电商系小程序就狠狠地火了一把。"双11"期间,蘑菇街、京东等电子商务平台就开始在微信小程序上聚集火力,"小程序电子商务"成为电子商务领域最耀眼的"网红",电子商务平台、公众号V品牌零售商甚至淘宝网开始将阵地转移到微信小程序,发挥智慧零售的作用。

2018年还在观望的零售品牌,已经悉数跻身微信小程序的竞争,尤其是在"双11"这个特殊的时间节点,线上线下的智慧零售已然成为品牌商们的新战场。来自腾讯的最新数据显示,同比2018年11月1日—11月11日,品牌自营类小程序2019年"双11"期间日活跃用户数量(Daily Active User,DAU)增长7倍,交易金额增长22倍。

为什么微信小程序能够如脱缰野马般暴袭"双11"? 可以给出的解释有很多,诸如零售转型、渠道多元化、新风口等,但微信小程序最有价值的诱惑力恐怕还是流量。在流量这个大靠山之下,小程序发挥强劲生命力,抗压能打,这也成为腾讯进击智慧零售最有力的武器。具体如表6-1所示。

表6-1　小程序电商的模式及特点

主要模式	玩　法	典型产品
社交内容电商	社交工具创造产品内容吸引用户消费,传统电商平台也通过开设直播及内容导购频道,刺激用户消费	小红书 礼物说
社交分享电商	利用社交关系进行传播,吸引用户消费	礼物说 拼多多
社交零售电商	整合供应链,开发线上分销商城,招募个人店主,进行推广	洋葱OMALL

那么小程序电商为什么发展如此之快呢?

(1)强社交属性,实现裂变式拉新

微信的基因就是社交,小程序依托微信而生,与生俱来就具备社交属性。小程序非常聪明地将社交属性延伸为一种新的交易协作模式。分享形式的多样化能连接不同人群,小程序简单实用的特点又能进一步简化交易流程。通过分享实现的裂变式拉新让小程序的能力进一步提升。具体分析如下。

①小程序契合微信用户体验。

不管是社交内容电商、社交分享电商还是社交零售电商,小程序在使用体验设计上完美契合用完即走的定位,相比App的多样化功能,电商小程序去掉了很多累赘,目的明确,功能聚焦。这种聚焦交易场景的小程序往往更受用户欢迎。

②借助微信好友传播。

场景驱动是电商小程序的核心,如何借助小程序唤醒微信11亿用户,成为电商小程序研究的主题。微信好友分享或者借助群分享是裂变的最佳方式。通过分享完成拼团、砍价、秒杀等场景的塑造,快速实现用户几何级增长。

③分众运营实现精准匹配。

"物以类聚,人以群分",在对用户画像的基础上进行用户的细分运营是电商小程序的必修功课。不同用户的微信朋友圈和微信群是完全不同的,合适的商品加上合适的时机才能找到精准的购买人群。

(2)社交+电商+即用即走=轻量级社交化购物

电商小程序被定位为轻量级社交化购物工具,它与传统的App和H5页面是完全不同的。如果App和H5是为了做GMV,为了做利润,那小程序也是在承担一样的任务,那么,它们之间不同的只是增长渠道吗?

拉新和转化是电商小程序的最大价值。那么,通过小程序刺激分享的主要玩法有哪些呢?

①社交立减金。

社交立减金是小程序强大的营销功能的体现。根据微信内测数据,社交立减金的获客成本只有1.7元/人,每个老用户会带来1.5个新用户。

商家增加了这一功能后,老用户通过支付、扫码等场景就能参与社交立减金的活动,将社交立减金礼包分享出去,新用户就能获得一份立减金。图6-5是星巴克的社交立减金。

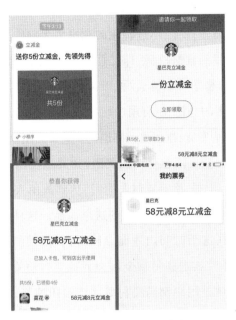

图6-5 星巴克社交立减金

社交立减金可以带来更多"会员",且有4个目标可以实现:

第一,可以让每次的微信支付行为都成为社交分享的起点;

第二,支持用户标签的投放,可以让活动的投放更精准;

第三,借助微信的社交能力进行高效的传播;

第四,直达小程序服务,让用户收到立减金之后可以快速地行动,从而转化为交易。

②拼团。

拼团指必须邀请指定数量好友一起购买,才可享受优惠或福利的一种营销方式,是常见的社交电商玩法。因此拼团跟小程序的结合将会把拼团拉新的价值进一步放大。

普通拼团是最为常见的拼团形式,用户以较低的拼团价下单开团,然后分享给好友邀请其参团,好友下单支付参团,在规定时间内满足拼团人数,拼团即成功,小程序商家发货;若是在规定时间内人数未满足,则拼团失败,将原渠道退款给用户。这种普通团一般新老用户都可以参团,拼团的参与门槛较低,用户除了自己开团邀请人参加外,也可以参与正在进行中的团。这种团承担着裂变拉新和刺激转化的双重任务,不过转化的意思更大一些。

老带新团的主要目的就是拉新引流,通过老用户的社交关系链获取新用户,一般拼团价都很低,价格非常划算,以此吸引老用户主动邀请好友进入小程序。这种团需要判定参团者的身份,所有用户均可以开团,但是只有新用户可以参团,拼团成功,则所有用户均发货;拼团失败则退款。老带新团商品限量,先到先得。

抽奖团又分为0元抽奖团和付费抽奖团。0元抽奖团即用户0元下单开团,分享给好友邀请其参团,或者参与别人的团,达到成团人数则拼团成功。拼团成功即有资格参与抽奖,奖品就是拼团的这个商品。这种团一般会设置一个固定的活动时间,只有在这个时间内才能参团开团,活动结束后24小时内开奖,一等奖为该商品,未中奖则退还付款金额,0元抽奖自动关闭订单。付费抽奖团与0元抽奖团的区别就是用户都需要付费才能参团抽奖,但一般付费金额都十分少,1角或者1元不等。另外,有的商家会设置每个团里必中一份奖品,以此吸引用户参团。

助力团虽然名叫拼团,但是实质上其模式与砍价更为相似。一般是用户开团,邀请好友来点击助力,满足助力人数后就拼团成功,用户可享受非常低的价格或者免费购买该商品。砍价是砍金额,而助力团就是自己设置好成团后的价格,然后拉满人数。一般助力团仅限新注册的用户才可助力,每个用户只能助力一次,且同一时间只能开一个助力团。而且有些小程序会设置用户首次助力可得现金红包,以此留住帮忙助力的新用户,有的还会增加面对面扫码助力的选项,以此丰富助力的形式。

红包团在模式上与老带新团没有太大区别,增加的福利就是拼团成功的用户都可以获得红包,要么是现金红包,满足条件后可以提现,要么是代金券,以此促进用户留存和复购。

免单团就是在普通拼团的基础上增加了更多的福利。用户来参团,可以以更低的价格买到商品。拼团成功后,所有团员的订单都会给予发货,而且系统会自动在团员中抽取一位免单,返还款项。当然,小程序商家付出的成本会更多,因此免单团一般会对成团的人数和条件有更高的要求,以此来平衡一下成本。

用小程序做拼团,最大的优势是,在分享上,用户无须点击即可看到团的状态和信息。

③购买赠送。

购买赠送是指A用户购买某卡券/商品后分享并赠送给B用户,B用户再去商家处领取或者消费的营销模式。

购买赠送这个模式的目的不光是完成交易,在交易的同时进行情感传递才是其核心。社交的精髓在于互动,通过购买赠送的方式进行用户之间的情感互动,产品只是一个传递情感的媒介。情感的互动与输出带来用户的裂变。

购买赠送有两个典型的案例。

一种是"星巴克用星说"的卡券赠送:用户A购买星巴克卡券赠送给用户B,用户B收到卡券去店里消费(见图6-6)。

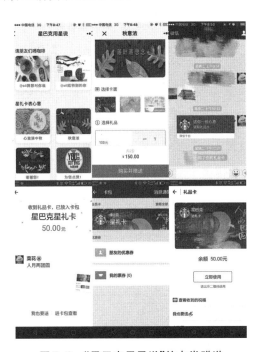

图6-6 "星巴克用星说"的卡券赠送

另一种是"玩物志"的实物赠送:用户A购买"玩物志"商品并付款,支付成功后分享给用户B,用户B填写地址后,商家寄出商品(见图6-7)。

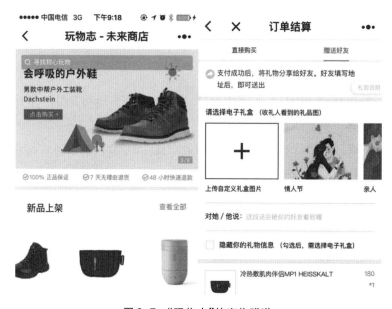

图6-7　"玩物志"的实物赠送

④分享集奖。

分享集奖其实就是把近年支付宝春节集五福的玩法用小程序的形式来实现。通过邀请好友助力的方式,抽奖集齐全套奖品,即可通过积分兑换奖品。这种与好友利益共享的方式,也很容易形成传播。

例如,现在中秋节快到了,中信银行信用卡为了实现品牌传播,开展了"哈根达斯悦饼集市"抽奖活动,通过邀请好友助力,增加抽奖机会,集齐5枚不同口味的月饼,即可获得月饼礼盒一份(见图6-8)。

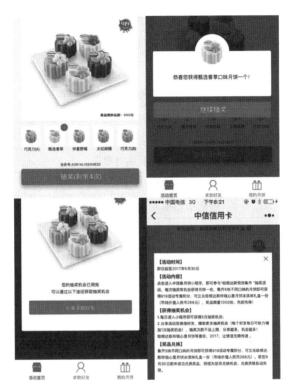

图6-8 "哈根达斯悦饼集市"抽奖活动

⑤分享砍价。

随着以拼多多、微店、蘑菇街和转转等为代表的社交电商平台的走红,消费者似乎开始对社交电商产生了"好感",特别是在借助社交电商的分享属性下,大量通过"分享砍价"模式传播的商品更是成为消费者追捧的热点,引爆了电商行业新一轮的红利(见表6-2)。

除了以上5种方式以外,只要是能刺激分享、形成传播的方式,都可以在小程序中做尝试。小程序可以与App做差异化定位,小程序更适合做拉新和转化,App则负责做留存和活跃。

表6-2　电商小程序的5种玩法

常见玩法	特点	典型小程序
社交立减金	好友间的现金分享,"消费—分享—消费",提升裂变传播效果	星巴克
拼图(抽奖团、新人团、普通拼团等)	邀请指定数量好友一起购买,享受优惠或福利	蘑菇街
购买赠送	我买单,你收货,实物赠送	礼物说、玩物志
分享砍价	通过分享,邀请好友帮忙砍价,享受优惠	拼多多
分享集奖	收集卡券抽奖,瓜分奖金,获得礼物等	集五福

　　除了社交优势以外,小程序作为工具,还追求效率,追求快。这就决定了电商小程序的主要特点不是引导用户来"逛",而是快速决策,即看即买,即买即走。如何让用户能快速决策呢?除了在类目选择和客单价预期上需要考虑用户决策成本外,还可以利用"公众号+小程序"的模式,引导用户决策。

　　所以,小程序本质是一个工具,它是对App和公众号所欠缺能力的一个补充。

[案例:拼多多]

　　拼多多创立于2015年9月,是一家致力于为最广大用户提供物有所值的商品和有趣的互动购物体验的新电子商务平台。

　　创立4年来,拼多多平台已汇聚4.832亿年度活跃买家和360多万活跃商户,平台年交易额超过7091亿元,迅速发展成为中国第二大电商平台。2018年7月,拼多多在美国纳斯达克证券交易所正式挂牌上市。拼多多是近几年风光无限的电商企业。它开创了拼团这样的社交电商的全新模式。这其中小程序扮演着举足轻重的角色。

　　权威数据公司QuestMobile报告显示,2019年手机淘宝App用户规模为6.42亿,"淘宝—支付宝小程序"用户数为1.15亿,去重后的全景用户规模为6.91亿。

　　拼多多App用户数达3.81亿,"拼多多—微信小程序"用户数为1亿,去重后的全景用户数为4.29亿。

京东 App 用户数为 2.46 亿，"京东—微信小程序"用户数为 8700 万，去重后的全景用户数为 3.13 亿。

小程序为拼多多贡献了 1 亿用户，而且这个数据还在以几何级增长。可见小程序对拼多多的重要意义。

拼多多用户已形成使用场景，并非现象级营销场景行为。拼多多已形成"搜索—筛选—分享—购买"的消费场景，使用黏性优于行业整体水平。

微信支付九宫格中拼多多和蘑菇街占有两席，这也是拼多多小程序流量的最大来源，而秒杀、拼团是拼多多的杀手锏（见图 6-9、图 6-10）。

图 6-9 秒杀

图6-10　拼团

　　拥抱微信，拥抱小程序，可以说是拼多多在阿里、京东系电商之外做的最正确的选择。基于微信生态圈，电商运营的操作形成"小程序+朋友圈+公众号+微信群"的完整生态，而拼多多就是紧密结合基于这样的基础设施来完善、升级自己的社交电商玩法的。

　　相较于传统电商运营流量的套路，在微信里运营电商，就需要打破惯常思维方式来解决新客信任、获客、运营及用户沉淀等诸多问题，而微信小程序就被拼多多视为强有效的引流引擎。

　　拼多多应用上的天天领红包、现金签到等日常运营体验，刺激了小程序日常活跃，在助力享免单、好友红包、邻里拼团的社交拉新之后，通过互动体验及特卖、秒杀等频道内容运营，保证用户留存和沉淀。

小程序+新零售

2018年,中国零售总额达40万亿元人民币,在这个由不同业态、数以千万级商家构成的广阔战场上,线上的巨头阿里和腾讯凭借各自的技术、生态和入口优势,为线下零售业赋能。

但"线上线下融合"的新零售显然是一个全新的战场,到店和到家场景的不断模糊,跨界体验的融合创新,人、货、场关系的持续重构,使得技术变革走到了新的十字路口。场景驱动化、业态多样化、体验极致化,对产品和技术平台提出了新的要求,而"微信社会"中的小程序,凭借着离消费者一指之遥的距离,以其开放的解决方案能力、原生级的体验,打造了最适宜新零售创新、孵化的平台。

◎ 先说说新零售

1. 什么是新零售

新零售即个人、企业以互联网为依托,通过运用大数据、人工智能等先进技术手段并运用心理学知识,对商品的生产、流通与销售过程进行升级改造,并对线上服务、线下体验及现代物流进行深度融合的零售新模式(来源于百度百科)。

简单地说,就是通过线上、线下和物流结合在一起,产生新零售。

2. 新零售的优势

新零售的优势是有精准的数据,精准显示消费者的购买行为和真实需求,以体验者的需求为中心,满足市场逐渐多元化的需求,等等。

新零售模式的出现,同时也带动了微信小程序的发展。小程序的开发带动了一大批的商家入驻,也进一步加速了小程序和新零售的发展。"小程序+新零售"的模式进一步升级,利用小程序的分享功能,打通了线上和线下,两者可谓相辅相成。这种模式给商家和消费者建立了更加便捷的消费通道。

3. 小程序如何打造未来智慧新零售

以小程序为基础,加上微信庞大的用户群体流量及社交分享的裂变能力,如扫一扫、微信支付、公众号、卡包等,打造零售行业中核心部分——人、货、场、服务。

新零售模式的本质是线上购买、线下体验与现代物流的打通,也就是用户和服务体验之间的连接。那么,要怎么样将用户与服务体验连接起来呢?用户在产生购买行为的时候,其消费行为、消费喜好、消费能力等画像,可以通过人工智能与大数据被分析出来。如此,可以在合适的时候为用户推送合适的商品选择和服务,这样就能用简单的技术将人、商品、服务连接起来。

构建一个线下体验的场景,用户通过线上的购买,可以体验到线下完整的服务体验,通过小程序的传播和裂变,基于微信庞大的用户群体,用户可以轻松进入。

◎ 小程序+新零售

小程序和新零售现在已交融在一起。

"智慧商业"服务提供商微盟发布了行业首份聚焦新零售产业的小程序报告——《2018微信小程序行业应用发展研究报告》。起家于微信第三方开发的微盟是中国最大的第三方小程序服务商,也是小程序服务商第一股,基于小程序等微信功能给商户提供微商城、客来店、智慧零售、智慧餐厅、智慧酒店、智慧休娱等解决方案,其报告很有说服力。

微盟的报告显示,开通小程序的商户中,电商商户占比达29.62%,生活服务商户占比达18.84%,零售商户占比达13.46%,餐饮商户占比达12.69%,4类商户合计占比高达74.61%。微信发布的《微信就业影响力报告》引用中国信通院的调查则显示,小程序主体中,服务业占比高达94%(见图6-11)。

不论是零售、餐饮、生活服务还是电商,都属于新零售渠道,由此可见,小程序事实上已成为新零售的标配,新零售则成为小程序核心的应用场景。

微盟的报告认为,随着流量红利的消失,电商平台的扣点高、成本高、留存难等问题越发明显,越来越多的商家和企业开始不再依赖单一平台,而是追求多平台发展,甚至去平台化,拥抱小程序这样的去中心化的平台,运营自有流量。曾经宣称不给小程序入口的微信,事实上给了小程序几十个入口,流量溢出效应明显,小程序成为低成本流量洼地,这也正好迎合了企业和商家去平台化的需求。

微信发布的《微信就业影响力报告》显示,2018年以超市为主的生鲜小程序服务了2亿用户,使用微信"智慧餐厅"的用户同比增长1.7倍,小程序与电商、零售和餐饮等行业深度融合。微盟报告也显示,小程序具有开发维护成本低、应用门槛低、获客快速、用户体验良好等特性,天然适合本地生活服务、电商零售等行业的高频、刚需场景。这些事实上都是新零售场景。

图6-11　商家使用小程序的情况

当小程序与新零售的结合度越来越高时,阿里与腾讯的生态竞争就更加明显,因为两者的核心都是要吸引商家到对应生态,实现数字化转型,不同之处是,阿里新零售是一种系统化的数字重构,基于中心化的流量、技术、物流等能力赋能给商家,进而提高效率、减少库存、降低成本和提升体验。腾讯小程序则是一种产品化的解决方案,基于去中心化的流量、服务和规则,去"引导"商家,帮助其获客、留存和营销。对于零售企业来说,阿里新零售门槛高,但功能更全面;腾讯小程序虽然门槛低,但要有更多功能如SaaS、支付、AI等配合,才能实现全面数字化。

小程序和新零售已成为阿里和腾讯两大巨头生态竞争的抓手。拥有小程序的腾讯正在大力落地智慧零售战略,跟阿里新零售异曲同工,阿里则上线了支付宝小程序、淘宝轻店铺来实现类似的轻应用生态,种种动作的背后,是对商家的争夺,也是商业生态的竞争。

◎ 小程序和新零售

跟阿里要从11个商业要素、维度面面俱到地重构零售人、货、物三要素不同,微信小程序做的事情更少一些,比如用户在电商小程序购物后,可以快递到家;用户在某服装品牌小程序下单后,对方送货上门;用户在奶茶店小程序下单后,到店取货;等等。小程序都只解决零售一个环节的问题。对于商家来说,可以低成本获客,唤醒沉睡顾客,做好会员营销,提升购物体验;对于用户来说,则可以实现随时随地多场景的零售消费体验。不论是对用户还是对商户,都部分实现了新零售。

微盟的报告显示,超过半数受访的商家对小程序保持较高的关注,只有2.95%的受访商家表示从未听过小程序。小程序几乎是家喻户晓,超过一半的已有公众号商家表示会开通小程序,他们最看重小程序的首先是品牌宣传,其次是线上销售和线下引流,最后才是提升体验和会员经营。一半以上的商家不仅成立了专门的小程序团队,而且多采取自主经营方式,但开发小程序会首选第三方服务商的免费或付费服务。

小程序并不完美,特别是对于中小商户来说,推广和运营这两大难问题没有得到有效的解决。微盟报告显示,46.26%的受访商户面临小程序运营难的问题,主要大难点是获客、转化和留存,他们急需第三方运营的培训指导服务。43.17%的受访商户表示小程序推广难,即便有广告投放预算也不知如何才能更加有效且划算。这些痛点对第三方小程序服务商而言是机会所在。

小程序还处于蓄势阶段,这个阶段将要维持两年左右,大部分商家在小程序上的订单占整个生意规模30%以上才算爆发,未来小程序会成为企业的私域流量和官方渠道,会有越来越多的企业把生意选择放在小程序上,这意味着小程序对商业生态包括新零售生态的改变才刚刚开始。

要说明的是,不管是新零售还是小程序,对于商家来说不是"二选一"的问题。阿里此前就曾透露,越来越多的天猫品牌开始成立"新零售部门",相信他们中的很大一部分同样成立了小程序团队,对于很多商家来说,将小程序作为一个落地新零售战略的切入点更加明智。

新零售是一个宏大的顶层设计,需要小程序这样的抓手,但只有小程序对商家来说是远远不够的。新零售背后是商业模式、经营理念、零售技术、组织管理诸多维度的升级,只有从品牌、商品、销售、营销、渠道、物流供应链、组织等维度一起发力,才能真正实现新零售,才能重构人、货、场、服务。

小程序成为长尾商家标配的数字化的基础设施。中小商家要实现数字化不可能全靠自己,也不适合找一个咨询顾问公司来做全套设计,更有效的做法可能是基于小程序建立客户和交易管理系统,先将线上和线下的商品、用户和交易实现数字化,再与业务系统整合,进而达到全面数字化。微盟CEO孙涛勇的观点是企业在制订数字化转型解决方案的时候需要考虑实现"6个在线":商品在线、门店在线、业务在线、客户在线、管理在线、营销在线。小程序可以满足其中大多数"在线"需求,这意味着,长尾商家拥抱新零售的最佳路径就是应用小程序。

头部商家、国际品牌、连锁巨头则可以跟随阿里等巨头的指引,对新零售进行顶层设计,再以小程序作为切入点,在多个拥有小程序能力的超级平台经营流量,实现对新零售的落地。

不论什么路径,小程序和新零售,最终都会成为电商、零售、本地生活服务和餐饮等新零售行业的标配,阿里和腾讯的战争,未完待续。

【案例"肯德基+"】

作为第一个通过小程序实现线上点餐功能的商家之一,"肯德基+"类似于其自助订餐的App和微信公号,从餐厅迅速定位、自助点餐、下单支付到取餐全过程,为消费者提供了便捷;同时,还融合了"肯德基会员活动"CRM方面的功能(K金商城和卡包),提供优惠活动、周边等内容和WOW卡包中的积分、卡券等功能,较跳至卡包中再消费方便很多,缩短了服务路径。

图6-12　"肯德基+"微信小程序界面

　　走进一家肯德基店,你会发现柜台前排队的人少了,工作人员只需要机器接单、装盘、提示叫号,被叫到号的食客自取,一切秩序井然。这其中的奥秘,就是桌角的二维码——店里每张桌子边角都贴有二维码,配有简单而又贴心的点餐流程指引。

　　找一个空的餐桌坐下来,你可以悠然地打开手机微信,扫一扫二维码,进入小程序开始点餐。点餐流程和外卖基本一致。点餐完毕,微信端会有下单成功通知(此时只需要等待前台叫号即可),进入小程序还可查看进程。

　　方便、快捷、一目了然,小程序点餐的方式帮助商家和消费者砍掉了排队环节,对于商家来说,提高了翻台率,可低成本获客;对于消费者来说,直接微信端扫码,省时、省力、消费体验也更佳。小程序点餐,同时满足了商户与消费者的需求,符合市场的发展趋势。

　　可以说,"肯德基＋"小程序承担了多重功能,将消费者圈在该小程序中,为他们提供的服务并非像App那么周全,但更轻的"肯德基＋"小程序同样足以覆盖日常所需,提升用户忠诚度,同时,"肯德基＋"小程序还绑定公众号,可与内容平台相连接,增加肯德基在移动端,无论是内容、消费、互动等多方面的出现率。

【案例：每日优鲜】

2019年年底被投资机构唱衰的生鲜电商,因突如其来的疫情一时迎来拐点,流量爆发,生鲜电商能否守住"辉煌"呢?

新冠疫情使生鲜电商以前的存量用户得以沉淀下来,平均客单价从疫情前的90元提高到了120元,峰值期甚至达到150元。在用户增量上,"60后""70后"开始在线上买菜了;过去叫外卖的用户开始做饭,快手美食、半成品美食的占比在快速攀升。

在每日优鲜高速增长的背后,有两大核心增长引擎。

一是每日优鲜所不断深耕的前置仓模式的优势逐渐体现,解决了库存、配送时效性的问题。每日优鲜每个仓覆盖附近3千米,实现"2小时极速交付"及"会员1小时送达"的即时购买的场景,大大提高了用户的使用体验感。

二是每日优鲜通过与腾讯智慧零售的合作,实现了低成本获取用户并运营优质用户。与腾讯渠道打通意味着流量来源的稳定,在流量稳定的基础上进行用户和产品的深耕让每日优鲜领先于其他生鲜电商平台。

在2019年5月底发布的阿拉丁微信小程序排行榜中,每日优鲜排名第二,很明显,微信+小程序端的社交传播效应正在成为每日优鲜发展的全新引擎。

在腾讯智慧零售大会上,每日优鲜首席增长官杨毓杰说:"每日优鲜的小程序不仅可以用更低的成本拉新获客,老客服务、老客唤醒的效果也超出App几倍。"

每日优鲜在小程序端创新性地开发了"分享有礼""天天分鲜币""拼团""签到"等有温度感的社交玩法,实现了流量盘活和管理,用户活跃度和黏性也得到快速提升(见图6-13)。

图6-13　每日优鲜小程序

小程序+教育

如果说2016年被定义为知识付费的元年,那么2017年就是知识付费井喷式发展的一年,这一现象到2018年持续升级,众多知识付费平台应运而生,就连支付宝也悄悄上线了在线课程。

艾瑞咨询2018年发布的报告显示,国内在线教育市场规模逐年上升,2016年市场规模达到1560.2亿元,同比增长速度为27.3%;预计之后几年将继续保持20%左右的速度增长,互联网教育前景向好。

用户池越来越大的原因在于移动设备的不断更新和普及,消费人群从一线城市的白领不断扩展到三四线城市,愿意为知识和教育课程付费的人将越来越多。

互联网上半场刺刀见红、争夺流量,而接下来则是精耕细作的时代。

对于教育领域来说,获客成本高、完课率低、复购率低,同时学习数据获取难、留存难、活跃度低,是普遍存在的问题。

营销层面,宣传、推广、招生等在传统教育时代需要大量成本,用户模型是漏斗形。微信生态的系统性完善,让小程序里的用户行为模型由传统漏斗模型的"推力"模式,升级为"开发者和用户双赢"的反漏斗模型——每一个进来的用户既是流量,也是流量拉力。这种裂变式模型在很短的时间助长了一批用户量巨大的小程序,如拼多多。猫眼电影演出小程序上线的砍价、集卡功能,实现了一个行业新低——平均获取一个新设备用户的成本不足1角钱,新客下单成本5元。这是传统行业完全不敢想象的。

内容层面,传统形式上的教育服务是比较"重"的。教育机构的用户主要增长方式都是靠续费和口碑介绍,因此扎实做好教育教学服务才是内源性增长的关键,但仍规避不了教学周期长和封闭的特点,无法行之有效地推广和宣传。

而小程序的产品形态注定了它最大的特点是轻便,更加适合碎片化、细分知识点、移动学习。这些细节特点具体到教育教学场景,微信的社交属性给互动提供了便捷的土壤——比如当教师在给孩子们直播互动课程的时候,可以实时发起某一项投票,比如答案征询、信息检索等,这不仅极大地提高了课堂上的互动性,而且还可以实时查看和统计结果。

用户通过小程序,可以对教育机构的教师资源、课程安排、推荐课程等相关内容一目了然。

对于教育机构来说,小程序在很大程度上节约了成本,减少了开发的经费和推广费用。

总的来说,小程序和教育的结合,将带来以下的改变:重建学习入口,重构师生关系,激活教学场景,连接师生、线上与线下、教学与练习,形成教育全链条。

◎ 小程序+教育=工具+平台？

上完一节直播课,出现一个二维码,学员扫码提交作业,这个场景渐渐成为在线教育机构和社群进行学员活动的常态,不需要跳转微信群,直接在小程序完成。带社群管理、打卡、批改等功能的"小程序+教育"战场,在资本的追捧下,已经发展得如火如荼。

工具和平台实际上是一个分水岭,属于两个不同的战场。工具是提供给老师做服务的,只需要提供技术支持。平台涉及流量、业务支撑,要帮助老师开课、招生、梳理教学管理逻辑等。

"小程序+教育"的模式在前期做工具,可以快速帮助和吸引大量老师来开课,劣势是对课程类型和课程质量不具备控制力。而做平台,后者的优势就表现了出来,可以专注做几个品类的课程,优质并且更适合打卡,更增加平台用户的黏性。这是一个业务成长。

那么在线教育的从业者该如何抓住新机会,帮助自己更好地打造课程以及获客呢?

1. 作为教学管理工具

作为新的教学承载工具,承载课程内容,可进行直播教学、课程展示、课程报名、财务管理等教学端的行为。

2. 作为营销工具

利用新入口的属性,连接更多的学生。学员将可通过微信群、微信朋友圈等社交渠道实现传播裂变,轻松通过粉丝打造口碑,提高转化率。此外,小程序还可以从公众号文章、朋友圈链接到课程介绍页,拉近学员与课程之间的距离,进一步提升支付转化率。

3. 作为练习工具

利用小程序把线下作业场景搬到线上,增加学员的黏性。老师通过小程序布置作业,再将作业发到群里,学生打开小程序就可以直接完成作业,并可快速获得老师的点评,极大地提高了老师对学生的管理效率,弥补微信群信息过多,交作业情况混乱的局面。

当前,微信公众号活跃度有下降趋势,而且微信群比较难维持一直活跃的状态,而打卡小程序能让一群陌生人变成"轻熟人",并能在一段时间内持续活跃,而且是循序渐进地活跃,更能增强用户的黏性与互动。

可以说,经历相对沉寂的初期发展阶段,不断丰富疆域的小程序在2018年已经从慢热逐步走向风口,此时的在线教育从业者如何乘上红利风口这趟车,可能对于每个人都是平等的机会。2020年,线上教育得到了一次前所未有的发展,小程序作为在线教育应用的"排头兵",正成为商家有力的工具。

【案例:"知识圈"小程序】

广州知识圈网络科技有限公司旗下产品"知识圈",是一款基于微信生态的课程打卡小程序。"知识圈"拥有训练营、趣闯关、趣打卡等产品体系,涵盖了从课程管理、学员管理、打卡互动、营销传播等教学场景,可以帮助教育机构和老师提高课程的完课率和复购率,构建属于自己的知识圈(见图6-14)。

图6-14 知识圈小程序

　　"知识圈"有两个方面的功能:一是老师可以在线管理学员的作业和进度;二是有丰富多彩的课程,如小语种培训班、古文论语教学、等级考试培训等多种学习课程,对于想要学习、充电的人来说,这简直就是知识的海洋,学一节课打一次卡,还有闯关课、训练营等不同形式。

　　学如逆水行舟,不进则退,这种循序渐进的学习打卡模式非常能满足学生党和上班族学习、考证、充电的需要。

　　教育机构或者独立的老师通过向"知识圈"购买 SaaS,便可获得"知识圈"创立的整个从课程上传、任务布置、批量点评管理、学员内容导出到批量课程管理的全站式服务,而且还能将小程序与自己的公众号进行关联绑定,方便学员的导流和数据管理。

　　这些操作,在小程序的后台便可完成。目前,在"知识圈"5万余名老师用户中,大概有4万名老师都在使用这项服务。即使有老师不愿意使用平台,也可单独购买 SaaS。不仅如此,"知识圈"还为1000多个企业服务号提供了对接服务。

　　目前,学而思、新东方等都已经完成了学前教育至高中教育(Kindergarten Through Twelfth Grade,K12)、留学、考研等多业务线的多产品布局,涵盖家长端、学生端、教师端,例如新东方的留学课堂、多纳、研词、优能中学、在线教室、家长通+、koolearn 小教室教师端等。猿辅导的小程序产品已经覆盖幼儿园至高三的全年龄阶段,内容包括在线课堂、每日一题、小猿搜题、背单词、口算、古诗文助手、数学天天练等。总体来看,这些小程序多按照学科类别、学习模式、课程形态需求进行划分。在其他赛道,玩家也各有侧重。职业教育机构大多重视获客、监测等环节;留学机构大多拥有用户能力测评及智能选校功能;素质教育机构大多以简易课程、背景科普、家长端服务为主。

　　虽然教育机构的小程序布局烦琐,但总体来看,有4个方向:

　　第一,以新用户为目标的免费轻度学习内容,多以公开课形式呈现,覆盖短视频、图文、音频等多种载体;

　　第二,以练习为主要目的产品,多以刷题、阅读、交互练习形式呈现,与后端

运营打通,将用户导流入微信群;

第三,以督学为目的的打卡、管理、测评类产品,这类产品大多用作裂变分享或用户留存;

第四,品牌宣传,其中可以查询课程介绍和校区分布。

用户碎片化学习的时间在增多,未来,小程序作为迎合碎片化学习的场景会越来越重要。

小程序将会成为微信场景下不可或缺的产品标配。适配浅层用户、细分的产品功能、微信场景下的优化方案、潜在的流量池……小程序正在成为教育机构满足用户碎片化学习需求的重要场景之一。

事实上,继小游戏"跳一跳"之后,以"头脑王者"为代表的闯关答题类小游戏可谓是火爆至极,迅速掀起了小程序学习的热潮。滚滚浪潮之下,教育机构抓住契机,迅速布局小程序学习产品。就像在线教育来袭之后线上影响线下一样,小程序势必也会成为App的一个有利补充。

小程序+餐饮

餐饮业是最传统的行业。随着移动互联网时代的高速发展,电商外卖平台也迅速崛起,用户开始了"食"不出户的生活体验。然而,因为其外卖平台苛刻的平台抽成规则让很多商家苦不堪言,进退两难。

互联网时代,用户追求的更多的是便捷,为了更好地提升用户体验,餐饮小程序就这样应运而生了。近几年,餐饮行业开始由传统型向智慧型餐饮转型,而餐饮O2O的形成已经成为一种常态。美团、饿了么、口碑、大众点评等互联网订餐平台发展得如火如荼。

餐饮业给小程序提供了发挥作用的平台和更丰富的应用场景,而小程序则优化了餐饮业的营业模式,使之更高效、便捷。

商家利用小程序在餐饮业发挥作用有以下几种方法。

第一,在顾客进店、竞争开始之前先下手为强。

在餐饮行业,商家的服务思维重点应该在顾客进店消费之前,因为餐饮业的商业竞争在顾客来之前就已经开始了。

如果要在顾客进店之前做好转化,就要充分利用好微信"附近的小程序"这个功能。利用这一点,商家可以结合朋友圈广告覆盖餐厅周边顾客,将流量和用户引导到门店,提升用户的餐前到店转化率。"附近的小程序"能涵盖方圆5公里的用户,所以在同一商圈里面,如果是同质化竞争,那么就要尽可能合理地设置多个项目关键词以优化小程序排名,这样小程序才有更多的曝光机会。

此外,在顾客进店之前,可以利用小程序实现更多"社交化购物"手段,比如社交立减金、拼团消费、进店前的食品砍价、助力红包抵扣食品消费金额、发放优惠券等,这样不仅能够提升用户体验,而且能给商家带来更多的流量和营销机会。

第二,就餐时提高服务效率,唤旧拉新。

就餐环节是小程序发挥优势最明显的时候。任何一家餐饮店都离不开服务人员和服务问题,由于就餐时间及服务人流量的不可控性,没有流畅的服务流程往往会增加商家的经营成本。

但有了小程序后就不一样了。顾客进店后,通过扫描桌上小程序二维码就可以直接下单支付,不仅减少了服务人员的工作量,节约了用户时间,而且能在顾客—服务员—厨房这个过程中减少错误信息的传递。

尤其生意比较旺的时候,服务员的口头传达容易出现混乱,影响厨房做菜效率,降低口碑。通过小程序自助点餐,厨房能够准确收到顾客的点餐信息——点了什么菜,在几号桌,特别需求是什么。这样能减少后厨的工作负担,也极大地提升了服务效率,提高了用户的就餐体验。

另一方面,通过小程序还能建立比较完善的会员系统,这对顾客的唤旧拉新来讲十分重要。有了完整的会员系统,就能够在顾客买单的时候自动判别会员身份从而触发消费抵扣、消费分享有礼等功能,并实现会员积分兑换商品或抵扣消费金额等功能,这对老用户来讲非常实在,能够刺激二次消费。还有就是能够吸引不是会员的顾客转化成会员,比如消费满100元即能成为会员,然后可以享受会员消费权益等,对新用户来讲也非常具有吸引力。通过这种方式聚拢线下的用户流量,餐饮业商家能实现可观的销售额。

第三,消费后续服务,建立行业口碑。

小程序做服务变现,餐饮行业同样可以如此操作。

餐饮业存在一些常见的问题,比如说用户第一次就餐后就不想来了,或者成为会员之后就没来过了,等等。如何在用户就餐后通过实施更多的关系营销手段和服务环节提高用户二次消费,建立行业口碑,这才是营销的关键。

针对这个问题,商家可以利用小程序关联公众号的模式来解决。

餐饮商家利用自家的公众号产生关于餐饮知识普及的内容,可以间接植入商家的产品广告信息,并定期策划一些营销活动来沉淀用户。这样就能够在运营过程中掌握消费升级之下用户的消费数据,了解用户的消费习惯,增加用户的黏性。与此同时,建立售后服务系统,支持用户在线评价商品,商家及时做出反馈。这样一来,不仅顾客在消费体验上得到了满足,餐饮商家也在不断地积累行业口碑,吸引更多新顾客。

作为新兴的互联网工具,解决问题是新工具的使命,很多案例已经证明小程序可以为餐饮界带来转变契机。

◎ 获客场景

顾客周末外出逛街,逛了半天肚子饿了,却不知道去哪里就餐,此时打开附近的小程序,可看到用餐环境和门店位置,进一步跳转小程序后,还能了解详细的价格和用户评价,如果没有明显的差错,就有很大概率可以俘获客户了。

◎ 留存场景

客户在店里用餐后,通过服务员引导使用小程序结账时,会被告知消费和预存可获取积分,兑换奖励。只要餐品口味和优惠给力,客户再次以核销优惠的形式来消费的概率会很高,以此可以将新客留存并培养为忠实顾客。

◎ 小程序独立后台,摆脱外卖平台依赖

每一个小程序都有自己完全独立的后台,商家可以安排专人进行运营,定

期发布一些运营推广活动来增强用户黏性。这样一来还有一个好处就是不再依赖市面上诸如美团外卖、饿了么这样的外卖平台，也就不再需要向它们支付大量的抽成费用了。

1. 门店管理

①餐饮小程序支持多门店管理：用户进入餐饮小程序，LBS自动定位至最近门店，同时用户可手动选择门店。

②门店信息展示：餐饮小程序首页可展示商户的门店头图、地址及电话等信息，方便商家引导用户进店消费。

③展示门店类目：展示商家的经营类目，如江浙菜、火锅、粤菜等。

④会员卡领取：首次进入商家的餐饮小程序，显示领卡页面，并显示开卡有礼信息，提高会员转化。

⑤卡券信息展示：首页展示商家的优惠券、折扣券、礼品券等信息，吸引用户领取卡券，提高二次消费的概率。

2. 订单列表

①订单展示：展示所有订单及状态，包括待使用、待付款、已使用、退款中、已退款、退款失败的订单，可根据相应类目进行订单筛选，方便查找。

②订单种类：优惠买单订单及购买的卡券套餐等订单。

③打通公众号订单数据：在公众号中进行的优惠买单和卡券售卖订单将会自动同步到小程序。

3. 会员中心

①会员信息展示：展示会员头像、会员名称、会员等级、会员码、会员余额、会员积分、优惠券等信息。

②会员特权展示：展示会员专属折扣、积分抵现等会员权益。

③会员余额详情展示：展示会员余额、充值和消费情况，同时自动同步会员在公众号中的余额、充值和消费情况。

④会员积分详情展示:显示会员积分数及积分的获取和消耗明细,同时自动同步会员在公众号中的积分及积分获取和消耗情况。

⑤优惠券详情展示:展示用户账户中的所有卡券信息,小程序与公众号自动同步用户所有获得的卡券,包括现金券、折扣券、礼品券、团购券、优惠券等。

需要说明的是,会员卡为微信原生会员卡,与公众号会员卡打通,在小程序中领了会员卡即等于完成了公众号的会员领卡,同样,在公众号中领取的会员卡便无须在小程序中重复领取。公众号和小程序之间的会员数据(包括积分、余额、卡券、等级等)完全互通。

4. 餐饮小程序后台

①餐饮小程序后台新增小程序授权绑定:商户可在餐饮小程序后台授权绑定小程序,从而实现公众号与小程序数据互通。

②餐饮小程序会员管理新增会员开卡渠道:打通数据后,为了区分会员来源,开卡渠道新增小程序,商户可在会员详情页查看用户是通过哪种渠道申请的会员。

③餐饮小程序会员导出文件增加领卡渠道字段:会员数据导出,数据报表中同样会标明开卡的渠道,通过此功能,商户可了解公众号开卡与小程序开卡用户所占比例。

【案例:i麦当劳小程序(实体)】
i麦当劳小程序用积分兑换提高用户黏性和注册会员数。

i麦当劳小程序带动了用户的线上消费,利用微信的社交属性,进行社交礼品卡的设计,激发用户的购买欲望。在线上实现了一部分营收,而礼品卡的发送又促进了用户线下消费,从而形成了线上线下的互相导流,提高了用户黏性(见图6-15)。

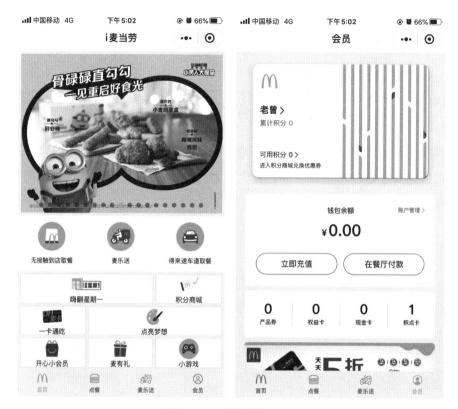

图6-15　i麦当劳小程序

　　i麦当劳小程序通过积分兑换优惠券的活动,带给用户更多福利,促进用户会员注册和使用积分兑换商品。大量注册会员带给麦当劳海量的消费数据,有利于麦当劳的产品运营分析和针对会员进行有效的管理(见图6-16)。

　　麦当劳小程序的客服系统有利于更快地解决用户的问题,这也是小程序功能越来越丰富的体现。

图6-16 麦当劳积分商城

小程序+医疗

医疗关系民生,与我们每一个人的生活都息息相关,也是我们每个人都需要关注的内容。医疗作为民生特殊行业,有其特殊的发展规律,随着科技进步,医疗行业也在拥抱科技变化,借助互联网积极改变。

◎ 医疗行业发展的痛点

目前的医疗行业存在的常见痛点之一,就是医疗资源与医疗服务的场景过度集中在线下场景当中,患者仍然需要按照传统的就医流程去线下场景中获得医疗服务,而线下烦琐的服务流程、长久的等待服务时间等问题,常常限制了医疗资源的利用效率,影响了医疗机构的服务质量。

传统的医疗机构向用户提供问诊指引、问诊信息传播、候诊挂号、候诊提醒等服务时,仍依赖与线下场景的人力投入或传统PC端来实现,服务成本高昂,效率低下,若无法改变目前状态,还会使得行业难以跟上移动发展潮流,限制发展触角在移动端的延伸范围。

医疗行业的线下医疗服务无法通过对接移动端来提高服务效率,使得行业服务的及时性、沟通流畅度受限。由于没有可以对接患者与医疗机构的平台的支持,一些紧急性的医疗沟通服务、就诊指引服务仍无法得到实现,影响了医疗服务的价值提升与服务覆盖范围的扩大。

在医疗产品的销售商中,目前鲜有商家可以实现销售的移动化。由于该行业产品的特殊性,大多数医疗产品销售商会选择以能面对面接触客户的线下销售场景去发展,而线下场景受时间、地域限制,使得商家的获客范围受限,营销影响范围无法扩大,从而影响商家的营销效益。

微信小程序能够给各个行业都带来颠覆式的改变,对于医疗行业也是如此,特别是微信小程序的问世,让用户享受了本来需要到医院才能享受的服务。现在,除了线下诊疗、配药等环节必须要在医院实现外,其他如在线挂号、专家预约、检查报告、移动支付等功能都能在小程序内完成,优化了医院服务,大大优化了患者的就医体验。

◎ 医疗小程序的价值

对于用户来说,可以利用医疗小程序实现在线咨询或问诊,增加了问诊的选择渠道,也能在线上获得就诊指引,在紧急情况下,用户可以通过小程序得到医生的及时指导。此外,小程序的在线预约就诊功能,还可以节省用户的等待时间,事先预约,到达医疗机构之后就可立即就诊。

对于医疗机构来说,通过小程序将患者的预约信息传送到医疗机构管理中心,可以让机构提前分配医疗资源,合理安排就诊;通过小程序的线上问诊功能,医疗机构可远程监控患者情况,提高服务质量,同时保障患者的健康。

对于医疗产品销售商来说,可以通过小程序让商家触网从而增加获客渠道。

◎ 小程序+医疗核心价值

1. 垂直社群

小程序的出现,很有可能会给垂直社群注入一剂兴奋剂。类似医美、特殊病种、育儿、医疗技术等专业社群借势小程序迅速扶摇直上的可能性还是很大的。

2. 连接医院场景和患者之间的关系

扫一扫的方式适用于医院的线下场景,对于医疗机构来说,将排队取号、手术了解、医生介绍等转移到线上二维码中,还可以添加结账等功能。

3. 连接医院院外和患者的关系

用户可通过"附近的小程序"搜索5千米范围内的医院,这样可以及时就医。同时这也能为医院获取流量,进而为医院提供管理、营销方式的改善方案。

4. 功能更为强大,用户体验流畅度高

与其他产品相比,微信小程序拥有了更为多元、更为强大的功能。从内测者提供的资料看到,总体来看,小程序的重心会首先体现在开发者层面,向开发者开放多种服务及支撑能力,但与在微信中加载一般网页相比,小程序的加载速度可以与原生的App相媲美。

5. 自带推广运营

小程序能够最快捷地满足用户的需求,通过用户口碑来传播是最好的方式。小程序可以通过微信开放平台绑定微信公众号。

6. 实现健康管理的需求

互联网医疗最终的目的是:通过各行业的互联互通,实现以个人为中心或者以家庭为中心的健康管理模式,让每个人都有一个健康管理平台,记录个人的体检、就诊、运动、睡眠等各类信息;再经过大数据的分析,向个人出具健康管理的意见和建议,让每个人都拥有适合自己的健康管理模式。

小程序可先在专病专科患者群体中开展健康管理。患者确诊后,进入小程序,便可以在小程序里体验医患互动、复诊提醒和复诊预约等服务。

7. 微信公众号+小程序

通过微信公众号来为大家普及医药知识,用医疗微信小程序开展疾病管理,形成微信公众号和医疗微信小程序互相补充的服务模式,实现寻医问药、挂号看病等一条龙服务。

8. 预约功能

对于上班族来说,他们一般都会选择周六、周日的时候去医院做身体检查或是就诊,但是这个时间段去医院的人会比较多。这就可能导致病人排了半天的队,却不能检查了,提前预约挂号可以尽量避免这个情况。

9. 支付能力

到医院看病,很多时候需要做一个项目付一次钱,而每次付钱又需要重新排队,这就导致看病时间长,有了小程序就可以实现网络支付,省去了排队的麻烦。线上医保支付,免排队,直接就医、化验、取药,解决了"三长一短"问题。

医疗机构小程序解决的不仅仅是患者看病难的问题,还能在一定程度上解决医疗机构工作效率的问题。这对于医疗机构和患者都是非常有利的。

【案例：浙江大学医学院附属儿童医院】

浙江大学医学院附属儿童医院（浙江省儿童医院、浙江省儿童保健院）的前身是1951年成立的浙江省立妇幼保健院，是一家有着70多年历史的三甲医院，其医院学科水平、临床业务能力及综合实力均处于全国儿童医院前列。该院的服务范围不仅覆盖全省，还覆盖周边省市，特别是华东六省一市，并辐射至全国。作为浙江省甚至华东地区知名的儿童医院，这里每年接诊病人超百万人次，更有一天之内接诊9400人次的记录。

背靠互联网之都——杭州，浙江大学医学院附属儿童医院一直不断地尝试"医疗+互联网"改革，该院也是国内比较早上线小程序的医院之一，而且取得了很好的效果。

从各个平台的小程序搜索栏搜索"医院"，排在第一位的就是浙江大学医学院附属儿童医院。作为一个专门学科医院的小程序，它的使用率明显高过其他医院的小程序。进入界面，界面设计非常合理，简单明了，医院的主要几个功能都在最显眼的位置。其核心功能有挂号、预约、排队、就诊、查询、住院、缴费、客服，功能清晰，非常方便（见图6-17）。

在家可以进入"发热快速通道"，选择科室、医生进行在线挂号，在线填写小程序里设定的常见患儿发病情况的症状描述、行为表现。在线提交就诊申请后，医生会根据主诉，通过小程序生成专门定制的检查表单，这一过程大约只需要十分钟（见图6-18）。之后，便可通过微信支付检验费用，带孩子到医院化验，化验结果出来后直接到医生处就诊，节约了问诊、开化验单的排队等候时间。

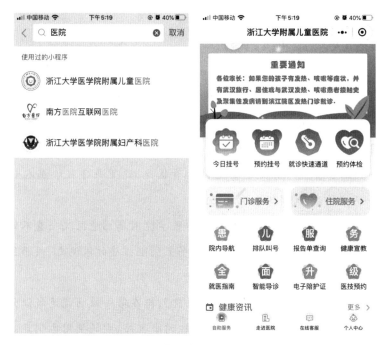

图6-17　浙江大学医学院附属儿童医院小程序

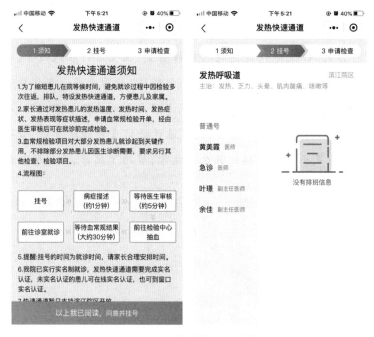

图6-18　"发热快速通道"

浙江大学医学院附属儿童医院门诊部主任汪天林介绍，这款小程序大大缩短了患者就诊的等待时间，看发热门诊的家长在线挂号后，可先带孩子验血，拿到检验结果后再去医生门诊就诊。

此外，小程序还有个特别惊喜的便民措施，即就诊导航覆盖了医院的门诊楼，小程序会根据患者的就诊节点，自动推送导航信息，这个智能导航可以让患者轻松找到医院的各个科室，这样贴心的智能就诊、导诊小程序在国内是首次发布。

对于很多家长担心不会使用小程序的问题，浙江大学医学院附属儿童医院副院长傅君芬教授表示，医院会专门安排工作人员提供志愿服务，帮助大家在现场学会使用智能就诊小程序。现场也摆放了易拉宝展架、发放宣传折页，详细呈现操作步骤，手把手教大家学会使用这种便捷的智能就诊系统。

这样一套智能挂号系统，真正通过"医疗+互联网"的力量，来改善就医服务，提升患者的满意度，相信这也是未来医疗的发展方向。

【案例：春雨医生小程序】

春雨医生小程序基本上囊括了春雨医生在线问诊业务的核心功能，即"问医生"和"找医生"这两大核心功能。春雨医生公关总监谭万能介绍，相比春雨医生App，春雨医生小程序是一个简化到极致的服务入口，符合微信小程序即用即走的定位。春雨医生小程序也只提供连接用户与医生，或者说连接用户与在线医疗服务等功能，App端的诸如健康资讯频道、健康管理工具、健康自测工具、专题推广频道等，暂时都不会在小程序呈现（见图6-19）。

微信小程序的定位，与春雨医生从2016年8月上线的在线问诊开放平台是高度吻合的，即连接人与服务。微信小程序的推出，使得春雨医生的开放平台，又多了一个战略级的连接入口，会在一定程度上减少使用春雨医生服务的技术壁垒，使得获取和使用春雨医生在线医疗服务更便捷。

图 6-19　春雨医生小程序

【案例:好大夫在线(好大夫+)小程序】

好大夫在线(好大夫+)小程序基本上涵盖了其 App 的核心功能,如找医生、去挂号、去开药(见图 6-20)。可以说,好大夫在线小程序满足了普通患者的轻量级需求。

该小程序界面清晰,功能简单明了。其还将找医生板块分为按疾病、按科室和按医院三块,非常人性化(见图 6-21)。

挂号预约基于 LBS 定位功能,在开药环节则做了处方记录和药品名录。

医疗行业有一个特点,医疗服务的 App 对大多数用户来说都是一个低频需求,让用户独立下载一个大容量的 App 是比较困难的。微信小程序即用即走的轻量级应用特点,正好适用于并不频繁使用医疗问诊服务的人群。需要深入使用医疗服务,以及 App 中复杂功能的时候,还是需要独立的 App 软件。

图 6-20 好大夫在线小程序

图 6-21 好大夫在线找医生板块

微信小程序的轻量级特点可以为医疗行业带来更多的用户，扩大用户的使用场景，提高用户的方便程度。

【案例：腾讯医典】

2017年腾讯对外宣布成立医疗资讯中心，旗下首款互联网医学科普产品企鹅医典(现改为腾讯医典)就正式上线了，腾讯方面表示这款产品旨在解决目前互联网健康信息繁杂、专业内容难懂、医疗广告充斥、优质科普标准不一致等问题。

这是一款腾讯官方发布的小程序，可以帮助大家科普医学知识，随时查看疾病的治疗方法和注意事项，以免错过治疗时间。最初，对于这款小程序官方给出的介绍是：医典致力于向广大网友提供权威可信的医学知识，并提供易于理解的科普解读。

腾讯医典小程序提供关于10545种疾病的科学知识，而且这个数据还在不断地增加。这基本上相当于一部医疗百科全书了(见图6-22)。

图6-22　腾讯医典小程序界面

与民众息息相关的疫苗批号查询也是腾讯医典小程序的一大特色,另外更为人性化的是,腾讯医典小程序还可以帮助用户看懂并解读医疗报告单。这些功能都是非常实用、贴近百姓生活的(见图6-23)。

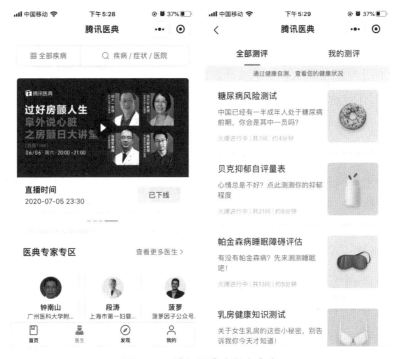

图6-23　腾讯医典小程序内容

小程序+房产

微信小程序在各个领域都有所涉猎,其中在餐饮和旅游行业是应用得最好的两个领域,现在随着小程序的不断发展,其也在向其他领域不断拓展,当然,在拓展的过程中不可避免地会涉及的一个领域就是房产行业。

当下,房产类微信小程序已经在大型的房产公司中渐渐兴起,我们不妨对房产类微信小程序进行分析,以期从中找出一些可以助力中小型房产企业发展的建议。

　　房产经纪人大多是通过58同城、安居客等房产App来获取客户的，但是随着时间的流逝，流量越来越贵，效果却越来越差，房产经纪人不得不采取新的途径。房产小程序的出现改变了房产中介传统的获客方式，小程序可以帮助企业实现将线上用户引流到线下消费，线上辅助线下完成交易，提高企业的成交率。

　　以下，我们将从开发商和房产中介两方面讨论一下小程序所带来的改变。

　　小程序为房地产开发商带来了哪些改变呢？

　　①不用再开发原生App了。开发费钱费力，不仅要考虑安卓版和iOS版的不同需求，还很难保证装机量和用户活跃度。

　　②从信息推送思维，转为真正的服务产品思维。应用号出现之后，每一个二维码的背后都是一套完整的服务。

　　技术承担越来越重要的营销角色。"策略+创意+技术"成为衡量地产营销人的综合指标。

　　过去，房地产行业是如何为客户提供服务的呢？置业顾问打电话，群发短信，或者微信公众号推送。这些方式对于用户来说，都只能被动接受。

　　现在，一个二维码就可以解决这些问题。每个楼盘小程序最多有5000个带参数的二维码，可以实现渠道、媒体、案场、示范区、样板房、活动等多种场景的使用需求。

　　以链家房屋估价微信小程序为例。链家房屋估价是链家推出的一款基于链家自有的大数据库，为用户提供房屋估价的小程序。用户在进入小程序页面后，输入自己关注的小区名称，填写面积、户型、朝向等基本信息，即可得到该房屋估价。这样一款房产类微信小程序实际上是将数据进行了整理，从而帮助用户更好地去了解当下的房价。

　　在腾讯方面，腾讯房产小助手是腾讯房产基于微信小程序平台开发的一款房贷计算器小程序。用户可以通过好友分享或在楼盘售楼处等处扫描二维码，即可进入房贷计算器页面进行操作，并了解自身整体购买力和承受能力。

　　通过对于这两种房产微信小程序的分析，我们不难发现，线下才是房产类小程序的流量入口。虽然小程序只是一款工具，但是基于小程序的特殊属性，其可以成为企业进行推广和引流的一种重要方式。

中小型的房产行业要开发微信小程序,还是要从线下场景去入手,尽可能多地去拓展线上流量,以获取更多的用户资源。房地产买卖主要在线下完成,链家具备大量的线下门店,所以其小程序的线下场景优势明显。这也是想要开发房产类小程序的开发者所要注意的地方。中小型企业没有链家如此强大的线下服务,则更应当突出自己的特色,将服务做到位,让用户真正感受到便捷,从而为自己的企业在纷繁复杂的市场中,吃到一份红利。

【案例:贝壳找房】

2016年成立的贝壳找房App已成功进驻全国98个城市,并携手160个新经纪品牌,连接了超过2.1万家线下门店。同时,超过20万名经纪人在贝壳平台为用户提供服务,平均每天为3000个家庭找到理想居所,已经成为新居住服务第一品牌。

2019年3月下旬,贝壳找房小程序正式入驻微信九宫格,首批开通北京、上海、深圳、成都、天津、苏州等6个城市的微信钱包入口,后续逐渐扩展至全国。

2019年4月艾瑞数据显示,该月贝壳找房小程序的月活跃设备数已超过3800万,环比增长超过300%,稳居微信小程序总榜单前列。尤其在便捷生活类细分领域,贝壳找房小程序月度活跃设备数超过快递、商超等多个高频次服务产品,这对于向来低频的房产服务行业来说,堪称颠覆性突破。

微信11亿用户流量的加持是贝壳找房小程序用户增长的关键。在微信支付页面,贝壳找房成为九宫格的一个亮点,这也是用户增长的基础(见图6-24)。

贝壳找房小程序的界面清晰,功能划分直接明了。其核心功能是二手房房源、新房、租房。贝壳找房小程序有以下几个亮点。

亮点一:房屋估价工具。

房屋估价工具基于大数据分析,可以给出相对准确的房屋报价。对于购房者来说可以查询近半年来该楼盘的价格变动情况,对于卖房者来说,可以对自己房子的价值有初步的判断,在挂牌出售的时候不会出现太大价格偏差。

亮点二:VR看房。

VR全景看房在房地产行业的应用非常普遍,客户可以足不出户看遍所有

图6-24　贝壳找房小程序界面

房源样板间,既节省了客户的时间成本,又提升了地产商的产品形象,让整个购房流程变得方便、快捷,真实有效。但是在小程序领域应用VR场景的并不多见。

全景技术能让用户产生亲临的感受,从而评估房间布局和设计的优劣,以便做出最佳的方案决策。这样就避免了因传统的效果图被人为修饰给用户带来的误导,进而可以避免决策失误。

亮点三:查成交。

查询真实成交价格的最大意义在于解决用户和平台的信任关系。在过去,中介平台充斥着大量的虚假房源,让买卖双方都无法做出理性判断。真实的成交价格和报价的巨大差异往往让双方吃亏。提供真实房源查询和真实价格查询让贝壳找房的信誉和口碑得到传播,这也是平台积累用户的最大优势。

2019年初,在贝壳找房的D轮融资中,腾讯作为战略投资方继续领投8亿美元,成为贝壳找房的重要战略股东。可以预见,在腾讯等互联网巨头的加持下,贝壳找房将继续夯实互联网房产服务品牌,房产服务市场格局将进一步稳固。

【案例:摇号管家】

近年来,随着国家对房产业的调控,多地陆续实行了限价限购政策,摇号成为房产业的常态。

以杭州为例,每年几百个新楼盘开盘摇号,不同因素造成价格不同,信息的不对称让开发商和购房者之间缺乏沟通的渠道。摇号管家小程序的上线打通了这一壁垒,其成功成为开发商和购房者之间的纽带。

正在公示、正在登记、即将摇号、即将预售、无须摇号5个核心功能按照时间轴划分,让购房者不会错过任何一个楼盘的信息(见图6-25)。

图6-25 摇号管家小程序界面

以往需要到线下一个个楼盘去考察的购房方式逐渐被线上考察所取代。通过小程序，房屋的地段、价格、热度等一目了然。另外，还有对楼盘的解读，楼盘整体规划图、户型图、最新动态，以及周边配套等购买者最为关心的元素都能被查询到。大量的经纪人和看房者对楼盘的评价也给购房者提供了参考。

开发小程序的意义对于房产业而言就是拓展线上的市场，当然，对于用户而言，则是让自己的生活变得更加便捷。移动互联网的大潮下，小程序正在不断改变市场，同时也将促进更多的线下企业连接线上，从而实现更好的发展。房产类小程序的出现，也必将引发整个行业的变动，相信在不久的将来，我们租房、买房将会更加便捷。

小程序+政务

在政策的鼓励下，"互联网+政务"逐渐成为主流，各级政府机关纷纷推出便民服务小程序。小程序在建设服务型政府中正扮演着越来越重要的角色，可以说为解决政务服务难题提供了一条新思路。

那么，当前政务工作面临哪些难题，小程序又是如何将其一一击破的呢？

◎ 政务工作面临哪些困境？

1. 信息不准确

民众对政务服务的抱怨，很多时候其实是来源于信息的不准确，例如办一件事需要同时出示多个材料，一次没带全就需要来回地跑，又或者某个政策具体的条例表达不够清晰，导致误解的出现。

2. 标准不统一

由于信息不共享和多部门职能划分不清，很多事务存在交叉、重复审批的情况，再加上不同层级和部门办事流程和所需材料的不统一，很容易给人留下烦琐的办事体验这种印象。

3. 服务难落实

由于缺乏相关制衡,监管往往不到位,线下办事缺乏电子存案监管,不仅民众难以及时获取办事进度,还可能出现相关政务部门不作为、推卸责任的情况,即便有好的便民政策,最终也难以落实。

◎ 小程序如何让便民服务落地?

1. 信息透明

小程序拥有的头条板块,可发布政策解读、服务内容和信息公示,同时又能通过查询和消息推送,及时跟进办事进度,从而避免不必要的误解,掌握宣传高地。

2. 提升效率

前期通过小程序提供便民服务,减少线下沟通和排队成本,不仅方便了民众办事,减轻了公务人员的工作量,同时也提升了服务的效率和体验。

3. 功能强大

小程序可添加各种插件,能满足信息展示、客服咨询、在线预约、数据接入、问答等插件,可满足各种场景下的服务需要,提供齐全的配套服务,让办事不用跑断腿。

4. 即点即用

政务服务作为一种低频需求,相比开发成本高昂且容易沉没的App,小程序即点即用,再加上共享微信的用户黏性,能真正做到让政务服务留在民众手边。

◎政务小程序必备功能

政务小程序的必备功能有信息公示、资讯管理、地址导航、消息推送、进度查询、投诉信箱、信息查询、在线预约、政策解答、机构查询、一键拨号等。

在政府转变职能的过程中,通过小程序推进"互联网+服务",用技术提升办事效率,最终让便民服务落地。

[案例:中国政务服务平台小程序]

2019年6月5日,国务院办公厅主办的中国政务服务平台微信小程序正式上线,这是首个全国性的政务服务微信小程序。通过该小程序,用户动动手指即可享受在线上办理查询、缴费、申领证件、投诉等200多项政务服务,省去跨地区、跨部门办事及反复跑腿的麻烦。

作为一个全国性、跨区域、跨部门的网上办事平台,中国政务服务平台小程序接入了国家发改委、公安部、教育部、人社部、商务部、市场监管总局等6个部委,并打通了国家政务服务平台的身份认证系统、电子证照系统、统一政务服务投诉与建议及用户反馈等功能机服务,同时,小程序还支持刷脸技术。这意味着,微信用户通过小程序,可办理200多项政务业务。

用户可以在小程序中绑定自己的结婚证、社保卡等各类电子证件;还能够通过小程序快速查询学历、学位、英语四六级考试成绩、普通话测试证书;查询交通违章记录、缴纳罚款、补换领号牌等服务也能在小程序中一键完成。企业用户还可以通过该平台查询企业信用、申请各类证照并跟进办事进度。

此外,用户还能通过小程序一键进入广东、浙江、江苏、上海、重庆、安徽、山东、四川、贵州等省级政府的网上办事窗口,后续还将接入更多省级政府及其部门,实现全国各地、各部门政务服务的轻松切换,使群众不再为异地、跨平台、跨部门的烦琐办事流程烦恼。

同时,中国政务服务平台小程序还搭建了全国一体化的投诉建议系统,用户可在小程序中对政府服务工作涉及的各项问题进行投诉和建议,政府会对所有投诉事项进行核查,要求并督促相关部门和地方查明原因,整改到位。

除了日常的政务办事外,中国政务服务平台小程序还开通并强化了文旅、婚育、助残、司法等专项服务。以助残服务为例,残疾人士可以在小程序中通过网络实名、基于公安"互联网+可信身份认证"的微信刷脸核验;在办理页面小程序可以自动填充用户身份信息,无须多次跑腿提交书面资料证明;政府部门也可以获得更精准、更真实的用户数据和画像,并有效防止"骗补"行为的发生。

作为全国一体化在线服务平台,中国政务服务平台小程序整合了各类政务服务资源,满足了群众和企业"一网通办""只进一扇门"的需求,并打破了各部门和地方数据壁垒,推动政务服务事项公开和政务服务数据开放共享。

未来,中国政务服务小程序还将接入更多省市、更多类别的政务民生服务,帮助政府部门向数字化、现代化转型的同时,也让服务真正触达群众,成为数字化转型中的关键工具。

值得一提的是,虽然小程序同时于微信与支付宝双平台上线(见图6-26),

图6-26 中国政务服务小程序于微信(左)和支付宝(右)双平台上线

但二者界面风格大有不同——微信版采用单页信息流样式,很多服务需要搜索查找进入;支付宝版则拥有"首页""办事""我的"三个底栏,"办事"页可分类筛选以快速查找服务,在"我的"页面还能便捷查看收藏、浏览记录和各项服务的进度,功能完善度明显更高。

　　如前文所述,当前登录政务服务平台小程序后,可以办理和查询教育、人社、司法、税务、助残、商务、民政、市场监管、住建、自然资源、卫生健康和公共服务等各项服务,此外,还可通过跳转各省级政府和各部委小程序完成更多服务(见图6-27)。

图6-27　中国政务服务小程序的多种服务

　　小程序还能添加关联多种证件,包含身份电子凭证、驾驶证、结婚证、离婚证和残疾人证等(见图6-28)。

图6-28 添加个人证件

中国政务服务小程序主要有以下几个亮点：

亮点一：刷脸。

由于涉及个人重要信息，小程序还可设置人脸识别验证，且数据与政府身份认证系统打通。

例如，国家政务服务平台微信小程序上线了公积金查询服务，只能刷脸登录，全国31个省（自治区、直辖市）和新疆生产建设兵团居民均可一键查询自己的公积金缴存信息和贷款信息。

国家政务服务平台微信小程序操作简便。无须下载，居民从手机微信进入小程序，刷脸登录后，在首页的公积金服务专区即可找到相应服务。以公积金查询为例，小程序自动识别居民身份信息后，只用点击"查询"，就能了解当前的公积金缴费状态、缴费基数、缴费余额及贷款情况（见图6-29）。

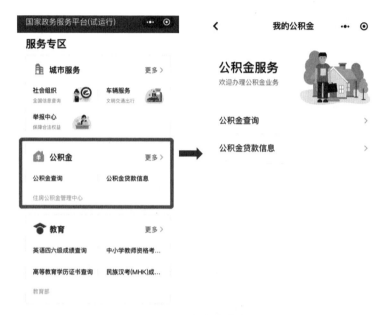

图6-29　公积金查询

亮点二：疫苗查询。

中国政务服务平台小程序提供疫苗查询服务是一大亮点。针对民生反馈很大的社会公共卫生问题，上线的疫苗查询，是中国政务服务平台微信小程序独有的功能，是由腾讯专门开发的民生服务。用户只要输入疫苗批号即可查询对应批次疫苗是否正常（见图6-30）。

除了疫苗查询服务外，中国政务服务平台还提供疫苗知识查询、成人疫苗知识及婴幼儿疫苗接种排期知识服务。各年龄儿童应该接种哪些疫苗，哪些免费，哪些自费？各种疫苗到底起到什么作用？成人疫苗有哪些？近期很火的HPV疫苗和最新进入国内的带状疱疹疫苗是什么？……疫苗接种的常见问题及所需相关知识在这里都能找到（见图6-31）。所有疫苗知识均来自国家各疾控中心、各三甲医院专家及美国领先的医疗科普平台，放心可靠。

图 6-30 疫苗批号查询

图 6-31 疫苗知识查询

亮点三：助残服务。

过去，残障人士申请补助时，需要到政府受理窗口提交书面材料，再经过层层审核。因为无法跨地区办理，身处异地的残障人士会感觉十分不便。

如今，残障人士打开国家政务服务平台微信小程序进行网络实名、刷脸认证后，小程序将自动填充用户的身份信息，随后他们即可在线办理残疾人证件申请等7项残疾人证件业务、2项残疾人补贴业务，以及在线查询助残服务办事历史和指南（见图6-32）。如此一来，免去了来回跑腿，反复提交资料的烦恼，省时又省力。

图6-32　助残服务

根据国家政务服务平台微信小程序在2019年10月公布的运营数据，自2019年6月5日上线试运营以来，中国政务服务平台注册用户数已突破500万，总访问人数超过3790万，总浏览量超过2.5亿人次。

07

第七章　运营

CHAPTER 7　OPERATIONS

07

小程序运营思维

经过近 3 年的发展,在小程序生态中,开发服务、后端即服务(Backend as a Service,BaaS)、模板服务、数据分析服务等第三方服务生态基本成型,小程序应用也包含了游戏、网络购物、工具、生活服务、社交、内容资讯、影音娱乐等多个门类领域,移动互联网细分领域基本完成了小程序生态的平移。

中国互联网四大巨头基本已经完成对小程序的生态布局,目前腾讯作为领头羊在小程序领域已经取得半个身位的领先优势。但是后来者的阿里、百度、字节跳动等都凭借自己的产品属性和生态基因完成了小程序的布局。

小程序已经进入了深耕细作的时代。

未来几年,在小程序流量红利结束后,运营才是小程序从业者最大的考验。在行业发展前期,"靠山吃山,靠水吃水"成为小程序运营的初期思想。但是流量枯竭、山穷水尽的时候,才是小程序精细化时代的开始。

小程序的运营是一个广义的概念,和 App 运营一样,它是一个包罗万象的系统。每一个细节、每一个节点都可以写成一本书。但限于篇幅,我们只能从商家的角度出发,寻找小程序运营的规律和方法。

◎ 选择小程序的原因

首先,我们应该确定小程序商家的定位——我是谁? 是创业者、互联网企业,还是传统行业?

其次,要确定为什么要做小程序。

移动互联网为企业提供了连接用户的新方式,目前我们常用的包括App、WAP、H5、微信公众号及其他自媒体、信息流广告等多种方式,但企业可以拥有自主权长期维护并能够获得用户关系的只有前4种,因此小程序为企业提供了第5种连接用户的方式。

相比App和WAP,小程序的开发周期短、成本低,并可以通过流量为自己带来曝光度,相比于公众号,小程序拥有更多的应用拓展能力,能带来丰富的服务能力。所以,对于企业来说,入局小程序,是为了抢占移动互联网或补足自己的移动互联网短板。

但是,企业在入局小程序前,需要想清楚为什么要做小程序,也就是企业想通过小程序得到什么。我们认为,这个答案应该是一致的——经济效益最大化。

从场景角度来讲,入局小程序的企业主要有以下3种。

(1)移动互联网企业——利用小程序延展服务

对于移动互联网企业来说,大多数本身已拥有App,布局小程序一是可以降低用户体验门槛,将App功能平移到小程序上,为用户提供轻量化服务。无论是公众号还是小程序,企业商家看中的一是丰富的生态,二是流量。众所周知,App产品很难从微信里"占便宜"(腾讯投资的除外),小程序就成了App项目打入微信的最佳渠道。

以同程艺龙为例。将App中的"预定"功能做成小程序,小程序主界面就是预订酒店、机票或酒店门票的入口,这就简化了App主界面的复杂功能。对于App运营来说,功能越来越多,但在App的展示空间依然不变、入口有限的情况下,小程序提供了新功能、单独功能拓展等运营方式的尝试。

（2）创业企业——利用小程序拓展服务

对于创业企业来说，小程序能够提供游戏、电商、工具等一系列的应用，并且开发简单，不需要高成本的开发团队，使用开源模板就可以实现。

对于已有App产品的创业企业来说，小程序的用户体验门槛更低，适合像"街电""摩拜"这类即时应用类服务进行应用场景拓展，它们可以通过小程序获得更多用户。

（3）传统企业——利用小程序提供互联网服务

传统企业（包括政府部门）在小程序的布局上，主要通过小程序提供互联网化服务或营销，从而实现用户互动。比如万达广场的小程序，提供了万达广场内商户的优惠活动，实现了商家曝光和用户获益。

星巴克的小程序在营销上带来了一次创新，通过小程序的卡券能力将星享卡植入小程序，好友之间可以互相赠送星享卡。

小程序刚刚上线时的入口主要在于小程序码，后面才陆续增加了公众号、下拉菜单等一系列入口。从小程序码可以看出，小程序对线下场景是非常重视的，比如优衣库小程序。线下门店通过小程序开设线上商城，配合服务号就可以实现"轻量化"的线上商城，再加上"附近的小程序"功能，为线下门店进行引流。

除了在营销上提供能力外，小程序还被应用在线下门店的服务上，麦当劳、CoCo等品牌的小程序提供了点单功能，以此减轻线下门店的客流压力。

另外在本书第二章里，我们对小程序做了5个大类的划分，对小程序属性的划分，其实就是对商家属性的划分，这有助于商家更清晰地定位自己。定位是运营的基础。

我们可以从阿拉丁2019年10月的一份小程序指数报告中来解读行业的特性。阿拉丁2019年10月排名前100位的小程序行业占比如下：网络购物占比20%，生活服务占比19%，游戏占比18%，视频占比15%，工具类占比11%，餐饮占比7%，内容资讯占比3%，旅游、音频各占比2%，零售、金融、图片等各占比1%。

可见，电商、生活服务、游戏和视频占据着小程序主要行业分布。那么，下面我们就从大行业去分析小程序的运营思路。

◎ 运营思路的转变

小程序时代,运营理念是有些变化的。小程序运营和公众号运营、App运营区别比较大。

首先,在思维层面有变化。从流量思维到场景思维的转变使小程序运营有些与众不同。小程序时代,一定要非常重视场景。流量思维下,更多的是重视转发、分享、裂变。但是在场景思维下,更多的是从用户的角度找场景、策划场景、在场景中完成连接用户的过程。

App运营的拉新、活跃、留存、转化的套路,新媒体的发现、关注、分享的套路,在小程序中不一定行得通。小程序和网站运营模式比较相似的一点就是同样需要很重视SEO的工作,但是搜索引擎营销(Search Engine Marketing,SEM)等市场运营的套路又不适用于小程序。

流量思维想的都是先拉来用户再寻找变现的方法。场景思维是完全相反的,首先想到的是用户在什么场景下可能需要自己,然后直接提供给他们服务和产品,这样就可以直接变现。而且只要把服务体验做到极致,用户后续自然会再来。场景思维要想方设法占领用户可能使用自己小程序的场景,如用户在什么时候、什么情况下、有什么原因或目的需要某个服务时,你的小程序刚好出现了或者让他想起来了。这种思维的转变是一种质变,也是微信倒逼的结果。微信小程序不能群发消息,不能分享朋友圈,小程序之间不能互相推荐和关联,不能做任何诱导分享的运营方案。这意味着创业者只能跳出流量思维,从一开始就想着怎么服务好用户,让用户喜欢自己。

其次是运营要素的改变。无论是网站运营还是App运营,都是围绕漏斗模型构建运营要素的。而小程序时代的运营要素变成了3个环节——场景构建、产品链接、用户转化,这虽然省去了很多环节,但也增加了难度,这意味着创业者可以试错的环节少了。选错场景、链接技术出问题、产品体验不好等任何一个问题都会导致用户流失,没有任何挽留的可能。

小程序运营的五大板块

不管是 App 还是小程序,其运营都是围绕用户展开的,用户是运营的核心和出发点。运营过程,可以分为 3 个阶段:吸引用户、留住用户、消费用户。同理,运营的目标也应该是扩大用户群体,提高用户活跃度,寻找适合的盈利模式并取得利益最大化。

小程序运营是一个庞大的系统,而且不同小程序运营的内容和方法是完全不同的。但是我们可以总结为以下五大板块。

①产品运营:维护小程序正常运作的日常工作。

②用户运营:关注用户的维护,用户数量的增加,用户活跃度的提升。对部分重点用户进行沟通和运营,收集数据和反馈,从而进行小程序的优化和升级。

③内容运营:对小程序内容的指导、推荐、整合和推广。

④活动运营:针对需求和目标进行活动策划,通过数据分析和市场反馈进行活动调整。

⑤数据运营:通过数据收集和分析,对整个小程序运营优化提供支撑。

那么,小程序运营要做哪些工作呢?

◎ 前期准备工作

1. 明确小程序的定位

不同的小程序的定位是不同的,内容类的小程序定位在于会员知识付费或者内容变现,电商类的小程序定位是卖货,工具类的小程序定位于边际消费,游戏类的小程序定位于会员充值和消费,生活服务类的小程序定位于线上和线下结合。不管是哪种类型的小程序,其都是为获取经济利益服务的,商业模式决定了小程序的定位和功能。

2. 确定团队分工和执行

不同性质的小程序,需要的团队构造是完全不同的。小程序侧重点的不同决定了其运营人员分工的不同。

3. 选择推广渠道和方式,协调内外部资源并制订详细计划

梳理小程序的流量来源、线上和线下的流量来源,整合现有渠道,如推广渠道、供应商渠道、物流渠道等,制订详细的小程序上线计划。

◎ 小程序上线初期的运营工作

1. 保障小程序的正常访问与使用

从技术层面确保小程序上线后的运行顺畅,即时进行代码的修复,保障小程序的稳定,保障首批用户的良好体验度。

2. 根据运营状况,阶段性优化小程序

上线初期小程序有一个市场试错时期,这个阶段的用户反馈和数据非常重要。通过不同的优化手段尽量修复缺陷,迎合用户需求。

3. 运营团队的磨合与调整

小程序经过初期试水,根据暴露的问题去调整运营团队,进行团队的最优化。

◎ 小程序运营后期的日常工作

小程序运营后期的日常工作基本如下:用户运营、内容运营、活动运营、数据运营、产品运营。

由于篇幅所限,本书将重点从用户运营、内容运营、活动运营、数据运营4个方面来梳理小程序运营的一些理念和方法。

用户运营

让目标用户使用小程序,就是用户运营。

所有小程序都需要引入新用户,留存老用户,保持用户活跃,促使用户付费,挽回流失或者沉默的用户。在不同的阶段,面对不同基数的用户数量,用户运营的工作也会发生相应的变化。不同的小程序,用户运营的方式和方法也有差异。

因此,需要熟练掌握小程序的用户行为并进行数据分析——用户为什么来?为什么走?为什么留下来?为什么活跃?如果还具备从用户需求出发反向提出小程序优化建议的能力,那么用户运营工作将不再是一个难题。

对于小程序的运营,我们可以借鉴很多App的运营方法,只是小程序和App在功能属性和使用场景上存在不同,需要在其基础上做很多改良和优化。

◎ 小程序用户运营流程:AARRR

AARRR是Acquisition(获取用户),Activation(提高活跃度),Retention(提高留存率),Revenue(获取收入),Referral(自传播)这5个单词的缩写,分别对应这一款小程序生命周期中的5个重要环节。

1. 获取用户(Acquisition)

任何一款小程序运营的第一步都是获取用户,其实就是流量来源。流量渠道的梳理是获取用户的第一步。前文我们已经介绍过各个平台小程序流量的入口。把握好这些入口,对这些入口进行分析,再结合自己的产品进行渠道优化,最终整合出优质和稳定的流量渠道是最重要的。小程序目前还处于流量的红利期,各大平台输出了大量免费的流量,当然这些免费的流量需要精耕细作去获取,不可否认小程序流量最终会越来越珍贵。所以第一时间获取流量,并把大平台流量进行私域化管理才是真正有价值的流量。

2. 提高活跃度（Activation）

很多用户是通过不同的渠道进入小程序的，有些是主动进入，有些是自然流入。如何把他们转化为活跃用户，是运营者面临的第一个问题。

小程序的功能属性非常明确，那么提高活跃度首先考验的是产品力。小程序是解决问题的工具，解决问题的能力决定了小程序用户的活跃度和二次使用的概率。做好产品是提高活跃度的第一步。

恰当的活动能够迅速提高用户的活跃度，很多商家在小程序上线之初恨不得把所有的营销活动都上马，效果往往事倍功半。活动策划是基于产品和用户思维的，在正确的时间和地点策划活动，才能触动正确的人。所以活动的策划要基于充分的调研和论证。

另外，在推广小程序的同时，对推广渠道的把握也非常重要，基于产品去选择推广渠道，这样目标人群才会得到沉淀，后续的活跃度才能更好地提升。

3. 提高留存率（Retention）

有些小程序在解决了活跃度的问题以后，又发现了另一个问题——"用户来得快，走得也快"。这就是常说的用户黏性差。

由于留住一个老用户比开发一个新用户成本低得多，所以精细化运营老客户是提高留存率的关键，大水漫灌的引流方式并不适合每一个小程序。小程序小而美的特点，决定了其精耕细作的运营方式。

所以，需要精细化运营日留存率、周留存率、月留存率甚至是年留存率，用数据和指标来管控运营方法。通常而言，工具类的小程序留存率相对较高，游戏类的小程序留存率相对较低。

4. 获取收入（Revenue）

获取收入是每一款小程序的目的，也是商业化的终点（政府和公益性质的除外）。

收入有很多种来源，广义上有三种：付费小程序（比如会员制小程序、知识付费类小程序)、小程序内付费(比如电商小城),以及广告(比如资讯类小程序)。

无论是哪一种,收入都直接或间接来自用户。所以,前面所提的提高活跃度、提高留存率,对获取收入来说是基础。用户基数大了,收入才有可能上涨。

5. 自传播(Referral)

社交网络的传播已经慢慢成为小程序获取用户的一个重要途径。从拼多多一系列的运营手法上可以看出,社交裂变传播是其核心的用户运营方法。

这个方式相对于传统的推广方式不仅成本更低,而且效果更好,当然前提是小程序的产品能力应该足够好,这样才能最终获取最大的商业价值。

从自传播到再次获取新用户,小程序运营形成了一个螺旋式上升的轨道。而那些优秀的小程序就很好地利用了这个轨道,不断地扩大自己的用户群体。

◎用户模型:RFM

R(Recency)表示客户最近一次购买的时间有多久,F(Frequency)表示客户在最近一段时间内购买的次数,M(Monetary)表示客户在最近一段时间内购买的金额。

一般原始数据为3个字段:客户ID、购买时间(日期格式)、购买金额。用数据挖掘软件处理,加权(考虑权重)得到RFM得分(见图7-1),进而可以进行客

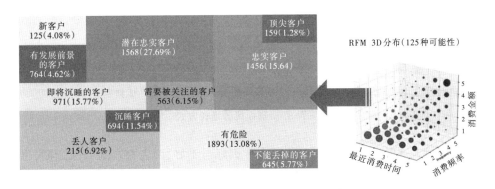

图7-1　RFM 3D分布

户细分、客户等级分类,以及 Customer Level Value 得分排序等,实现数据库营销。

◎用户增长的S形曲线、J形曲线

在产品发展周期中,经常会看到关于增长曲线的讨论。大多数产品,都会遵循S形曲线的增长方式(见图7-2)。

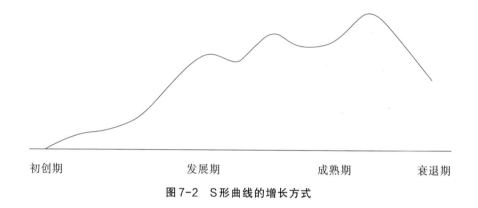

初创期　　　　　　　　发展期　　　　　　成熟期　　　　衰退期

图7-2　S形曲线的增长方式

但有些产品,可能产生J形曲线的增长方式(见图7-3)。

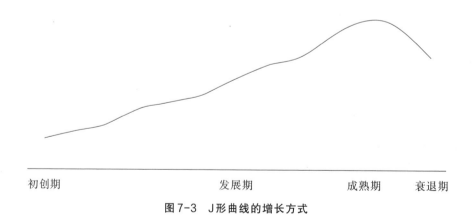

初创期　　　　　　　　发展期　　　　成熟期　　衰退期

图7-3　J形曲线的增长方式

不管是S形还是J形,其实并没有什么好与不好,两者都会遇到瓶颈期,也可以说是平稳期。因此,不管是怎样的增长曲线,产品发展缩短平稳期、突破瓶颈的诉求都是一样的。

◎定义不同层次的用户

对用户进行分类对于用户运营来说非常重要。只有清楚地了解用户,才能真正把运营工作做好。

根据不同维度,我们可以把用户分为以下几类(见图7-4)。

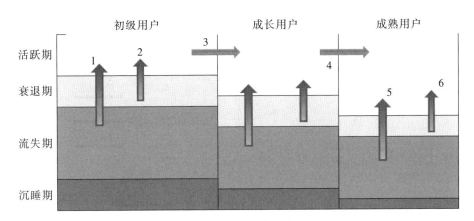

图7-4　用户分类

注:数据取值范围为2019年1月1日至3月1日(两个月的数据)。

(1)横向:按照用户消费频次(成熟度)区分。如:

初级用户,消费1—5单用户;

成长用户,消费6—10单用户;

成熟用户,消费10单以上用户。

(2)纵向:按照用户活跃度区分。如:

活跃期,最近4天有消费的用户;

衰退期,5—10天未消费的用户;

流失期,11—20天未消费的用户;

沉睡期,20天以上未消费的用户。

以上仅仅是举例(偏电商类型的业务),在不同行业、不同业务中,用户的消费频次和活跃度是不同的。这里要看具体的业务而定。

此外,我们可以将用户运营体系分为4种(见图7-5)。

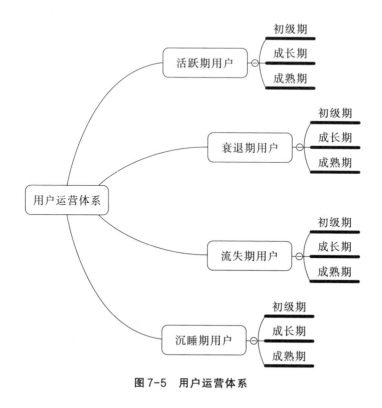

图7-5　用户运营体系

因此，我们的目标即可细化为：初级用户转化为成长用户，成长用户转化为成熟用户；对沉睡用户和流失用户进行唤醒，拉为活跃用户。通过这两种方式，形成循环闭环。

其中有几个小细节是关键要素：

①初级用户由于对产品熟悉度不够，故流失和沉睡的可能较多，需专门针对此类用户进行专项分析、运营；

②到成长期和成熟期以后，对于流失和沉睡的用户需重点关注，特别是成熟期的流失用户，此类用户大部分是经过长期的维护和大量的资源支出，才变成忠实用户的，如果流失数据异动很大，就要专门立项去研究。

当然，精细化地分析出用户体系后，最重要的就是对症下药、减少预算、提高转化。所以，对不同类型用户，可能运营的策略和方法也是不同的。

◎ 具体的运营方法

首先,我们可以通过以上的模型,挖掘出对应的用户数据(见表7-1)。

表7-1 不同用户的具体数据

类　别	初级用户(个)	成长用户(个)	成熟用户(个)
活跃型	1000	2000	3000
衰退型	800	1500	2000
流失型	2000	3000	4000
沉睡型	3000	4000	5000

注:表格为虚拟数据,举例作用。

根据表7-1的数据,我们可以根据不同情况尝试以下的运营动作。

初级用户的沉睡期和流失期用户是最多的,可申请派发组合券来进行唤醒。如用1张高面额、低门槛券,1张低面额、低门槛券进行促活,并做好券到期提醒(2张券的含义是让用户能多逗留、多消费一次,尽量延长产品的使用时间)。

对处于成长期的用户,相对来讲,已经较为熟悉产品。因此,可设置消费返券或发放中等面额的优惠券,并根据用户的购买习惯推送相应的消息。

对于成熟用户,应重点关注其流失期和沉睡期。可安排客服进行抽样访谈,了解流失原因,并申请派发优惠券或者礼品(需使用产品兑换),作为奖励或者补偿等。

对于活跃期的成长和成熟的用户,需要提高其消费客单价和频次。所以可以相应发放一些低面额、较高门槛的优惠券,并推出热门或者爆款的商品等。

通过对初级、成长、成熟和活跃、衰退、沉睡等多个维度进行交叉分析,总能发现出问题,制订相应的运营策略。

◎ 用户画像的重要性

用户画像,是一款小程序在收集与分析消费者社会属性、生活习惯、消费行为等主要信息的数据之后,完美地抽象出一个用户的商业全貌。这可以看作小程序、大数据技术的基本方式。用户画像为运营者提供了足够的信息基础,能够帮助运营者快速找到精准用户群体以及获取用户需求等更为广泛的反馈信息(见图7-6)。

行为标签
近期活跃的应用
近期去过的场景

属性标签
性别、年龄层次、消费水平、职业等

兴趣标签
购物、教育、影音、游戏、金融理财等

场景标签
机场、商圈、电影院景区、自定义场景等

定制标签
定制化标签 A、B、C 等

图7-6　用户画像

进行精准的用户画像分析的前提是对用户进行多维度划分,在此基础上可以分析出在不同的维度下不同客户的使用场景,后续有针对性地进行产品设计和优化,为对用户行为习惯的进一步建模提供数据支撑。

1. 指导产品研发及优化用户体验

传统思维"生产什么就消费什么"的模式在互联网环境下慢慢已经变成"用户需要什么企业再去生产什么",众多企业把用户真实的需求摆在了最重要的位置。

在用户思维的引导下,企业可以通过小程序收集大量数据,在数据分析的基础上,设计研发和改良产品,为用户提供更好的服务和体验。

2. 实现精准化营销

精准化营销具有极强的针对性,是企业和用户之间点对点的交互。它不但可以让营销变得更加高效,也能为企业节约成本。

数据是做好精准化营销的基础。以数据为基础,建立用户画像,利用标签、数据进行决策,获得不同类型的目标用户群,针对每一个群体策划并推送针对性的营销内容。

◎ **如何对用户进行画像**

用户画像有4个维度。

1. 静态维度

静态维度主要从用户的基本信息来进行划分,如性别、年龄、学历、角色、收入、地域、婚姻等(见图7-7)。依据不同的产品,记录不同信息的权重划分。

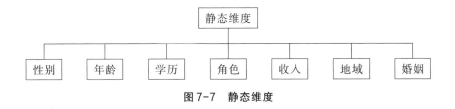

图7-7 静态维度

2. 动态维度

动态维度指用户访问小程序的行为。未来用户出行、工作、休假、娱乐等都离不开小程序,动态属性能更好地记录用户日常的行踪和行为(见图7-8)。

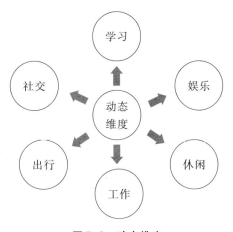

图7-8 动态维度

3. 消费维度

消费维度指小程序用户的消费意向、消费意识、消费心理、消费嗜好等,对用户的消费能力、消费意向、消费等级进行很好的管理。不同阶段小程序用户的消费行为是不同的。在相对变量的基础上总结出消费规律是重点,如此一来,在进行产品设计时对用户是倾向于功能价值还是倾向于感情价值,能有更好的把握(见图7-9)。

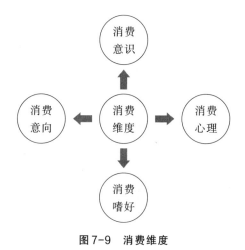

图7-9　消费维度

4. 心理维度

心理维度指用户在环境、社会、交际过程中的心理反应,或者心理活动。进行小程序用户心理属性划分的意义在于能更好地依据用户心理进行产品设计和运营(见图7-10)。

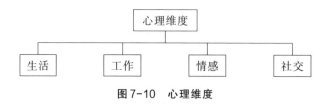

图7-10　心理维度

因为运营最终是为了盈利,所以对于小程序来说,掌握主流的变现方法非常重要。目前比较常见的方法包括:

①在用户量大、用户活跃度较高的情况下,可以通过各种广告收费;

②提供增值功能服务,比如会员等方式;

③接入积分商城,通过电商变现;

④接入知识付费,通过内容变现;

⑤接入信息发布系统,用户付费发布招聘、二手等信息;

⑥通过用户数据变现;

⑦招商入驻,收取入驻费用。

内容运营

首先我们要梳理下所谓"内容"包含哪些东西。广义上的互联网内容包含文字、音频、视频、图片等一切视觉或者感官能捕捉的东西。

◎ 内容运营的定义

内容运营是指通过创造、编辑、组织、呈现产品的内容,传递产品的价值,从而提高互联网产品的内容属性,制作出对用户的黏性、活跃、消费产生促进作用的内容。

◎ 内容运营包含哪些方面

第一,内容的采集和创造,包括产品有哪一些内容,如何通过内容去定位产品,内容的来源在哪里。

第二,内容的呈现与管理,包括内容是给谁看的,以及内容如何组织与呈现。

第三,内容的扩散与传导,包括内容传递什么信号,如何通过内容进行二次传播和扩散。

第四,内容的效果与评估,包括内容如何做筛选,什么是好的内容(标准化)。

◎ 内容运营的价值

价值一:将产品和用户连接起来,从而传达品牌价值,培养和教育用户。

价值二:成为产品服务的一部分,使用户可以直接消费内容,内容也可辅助用户消费产品。

◎ 内容运营从编辑做起

编辑分为传统媒体编辑和新媒体编辑,两者是两个完全不同的概念。传统媒体需要经过采和编两个阶段,内容更为严谨,新媒体更多是挖掘优质内容进行二次加工。当然有足够能力的原创编辑也非常重要。

编辑是内容运营的基本功,但不是内容运营的全部,只有在规划指引下的内容运营才能创造出符合运营目标的价值。

◎ 内容运营的规划

内容运营包括以下几点规划:

①确定目标人群的属性,确定内容的对应定位。

②规划内容布局跟方向。

③根据内容价值产出目标确定投入的资源成本。

◎ 内容运营的显性考核标准

1. 内容的展示数据

内容的展示数据包括内容的点击次数、内容的页面的跳失率和内容页面的停留时间。

2. 内容的转化数据

内容的转化数据包括内容中付费链接的点击次数、付费成功次数、内容页面广告的点击次数、广告的停留时间和二次转化的成功率。

3. 内容的黏性数据

内容的黏性数据包括内容的重复阅读数、PFM模型（用户等级）、Recency（最近）、Frequency（频次）和Monetary（金额）。

4. 内容的分享数据

内容的分享数据包括内容的分享频次和分享后的流量统计。

◎ 内容运营的执行落地

内容甄选有5个原则：不违法，不反动，不涉黄；符合内容定位；文字好，图片好；阅读量、互动量高；无广告，含热点。

◎ 内容运营的4个要素

1. 标题优化（10个取标题的技巧）

（1）疑惑法

疑惑法，就是使用反问句式。根据文章的描述来构建相应的场景，寻求用户的痛点和痛点的解决方案。以一篇讲述运营人员做运营时节奏感很重要的文章为例，文章标题对比如下。

使用疑惑法前：运营最重要的是要有节奏感

使用疑惑法后：为什么说节奏感是一个运营成熟的标志？（场景：做运营的痛点，不成熟解决方案，学会怎么带有节奏感）

其他例子：

打杂运营=没有竞争力=底薪，怎么办？（痛点：打杂、底薪、没竞争力）

为什么你经常加班，却干不过那些准点开溜的同事？（痛点：别人跑了，你加班，绩效还不好）

（2）悬念法

悬念法，就是采用欲言又止的方式，说一半留一半，就像一个美女抱着琵琶半遮面的感觉，引人入胜，让人欲罢不能。例如一篇生活小知识的文章，讲述的是用鸡蛋壳可以将抹布洗干净，其标题对比如下。

使用悬念法前：抹布再脏也不用怕，只要用点鸡蛋壳，不用洗瞬间变干净

使用悬念法后：抹布再脏也不用怕，只要用点这个，不用洗瞬间变干净

（3）震惊法

震惊法，就是对文章的细节进行挖掘，突出些反常规的事情，以引起用户强烈的情感反应，当用户感觉震惊时，就会忍不住去点击来看。反常规的事情，也更容易成为人们茶余饭后的谈资。

例如一篇关于长板理论的文章，文章标题对比如下。

使用震惊法前：长板理论，2020年你必须掌握！

使用震惊法后：木桶理论已死，长板理论才是2020年你必须掌握的！

因为木桶理论已被大众所接受，其理论主要是讲一个团队能否强大的关键是看最弱的人。如果反其道而行之，大谈长板理论——团队的强大取决于最强大的人，这样就会引起人们的注意，当有朋友说起木桶理论时，就可以用长板理论与之讨论。

（4）冲突法

冲突法，即在标题中体现信息的相互冲突、矛盾，形成强烈的对比，反常识得让人觉得不可思议，想让人一探究竟。例如一篇讲述从草根到成为亿万富豪发家史的文章，文章标题对比如下。

使用冲突法之前：亿万富豪，如何成为airbnb中国最大的对手

使用冲突法之后：刷了四年厕所，从一个草根到估值40亿元，成为airbnb中国最大的对手

（5）标签法

标签法，就是讲内容体现出和特定人群的某种关系，或展示出是为特定人群写的，让其感同身受，将其代入预定场景中。例如"今晚我们都是东莞人"，当东莞人看到这个文章标题时，一定会点开链接，一探究竟的。

使用标签法前:北京奥运会开幕!

使用标签法后:我是中国人,我骄傲,北京奥运会开幕!

(6)数字法

数字法,是指用数字来直观、具象地凸显文章的看点和价值,能直接抓住用户的眼球。用户不必在头脑里再进行文字翻译。以一些比较优秀的运营和普通的运营方面的文章为例,其文章标题对比如下。

使用数字法前:优秀运营和普通运营的区别

使用数字法后:告诉你月薪5000和月薪50000运营的区别

再比如说奥运会期间大家都在关注各国的金牌数,以一篇说明印度获奖牌数量的文章为例,其标题对比如下。

使用数字法之前:人口第二大国印度多届奥运获1枚金牌举国无所谓

使用数字法之后:印度12亿人36年获1枚金牌举国无所谓

(7)人称法

人称法,利用"你、我、他"等称谓加强读者的代入感。试举例如下。

使用人性法前:高考以后,民政局出现离婚潮

使用人性法后:要不是因为孩子,我早就跟你离婚了

其他例子:

女子遭遇车祸,众人抬起汽车急救

女子遭遇车祸,你们都是英雄

(8)总结法

总结法,就是系统梳理垂直领域的知识、看点,让用户集中地进行内容的消费。试举例如下。

使用总结法之前:春天去台湾旅游这些地方非常值得去

使用总结法之后:春天去台湾旅游最值得去的十大景点

其他例子:

细数日本留学的十大优势

最受国人喜欢的韩剧TOP10

（9）"抱大腿"法

"抱大腿"法,是指借助大众所知的热点或辨识度高的事物的趋势来彰显文章的价值,关键是要做到为大众所知,有共同点,能够借力。试举例如下。

使用"抱大腿"法之前:互联网大佬的管理之道

使用"抱大腿"法之后:马云、马化腾、李彦宏等大佬的管理之道

其他例子:

周鸿祎学习郎平好榜样(文中说明了女排因为专注所以取得好成绩,话锋一转,说起360公司多少年来一直专注于互联网安全,成功借势,完成了一篇文章)

（10）限时法

限时法,是指通过设定一个期限来制造一种紧迫感,促使用户在当下做出选择。试举例如下。

使用限时法之前:10G日语学习资料免费送,请速领取

使用限时法之后:10G日语学习资料免费送,请速领取,优质内容,0点删除

其他例子:

全场数码产品1折起,错过再等1年(仅限今天)

绝密新闻(删前速看)

2. 副标题/摘要(提炼核心,名人名言、段子)

副标题是针对主标题而言的,是对全文主旨的补充说明。标题是正文中部分内容的统领,副标题则是文章的重要组成部分,关系到一篇文章的精神、格调。好的标题能给人新鲜的感觉和深刻的印象。副标题与主标题、引题组成一篇(则)文章(新闻)的标题,是文章标题有力的补充,有时候甚至能起到青出于蓝而胜于蓝的作用。

副标题/摘要的写作方法也有很多技巧。试举例如下。

（1）删除细节,保留主要观点

标题:巴塞罗那主场2比0战胜皇家马德里

摘要:梅西一传一射闪耀国家德比。

(2)选择一个案例代表整篇文章内容

标题:中国代表团18金暂时领跑奥运奖牌榜

摘要:游泳项目贡献三分之一金牌。

(3)虚实结合

标题:中国这项技术终于打破国际垄断

摘要:国内首个热塑性聚丙烯(TPO)防水卷材料在武汉研发成功并批量生产。

(4)数据罗列

标题:世界上跑得最快的男人终于停下了

摘要:带着20个冠军,3项世界纪录和对短跑界长达10年统治的博尔特今日宣布退役。

3. 配图(高清、有趣好玩、相关性)

(1)图片与文章内容相符

文章的配图应该与文章内容相关,如果是无意义的配图,不仅不能够增加文章的可读性,还会拉低文章的档次;还要注意的一点是配图是为了文章而存在的,能够用文字表达,就没有必要增加过多的配图,没有关联的图片跟文字重叠时会造成较差的阅读体验。

(2)配文和配图之间紧密联系

有配文的配图才是好配图,如果缺少必要的文字描述,或者有文字描述而缺少必要的配图,都会不同程度地影响用户对文章内容的理解,所以文章跟配图应该是紧密配合的。

(3)配图双原则

配图的双原则是尺寸色调统一和清晰无杂质。

如果说文章的标题是一篇文章的"脸面",那么配图毫无疑问就是文章的"眼睛",文章的封面可以第一眼吸引住读者。图片清晰可以让读者从图片了解到文章的内容,提高阅读量。尺寸色调不统一,反而会增加读者疲劳感。使用一个系列或者一个色系,或者有内在相关性的图片,这是对文章配图的一个更高的要求。

4. 排版(字体类型、字体大小、段落行距、标点符号)

我们会经常看到很多漂亮的排版,把文字排版图形化、素材化、艺术化,让我们产生"抄"的欲望,甚至是想将其作为素材放在自己的海报上,这就是文字排版的美妙之处!

(1)字体:创造层次感

创造排版的层次感,让页面结构更加清晰。排版的层次感通常指页面中文本排列构建出的视觉层次。平时我们看过的书籍,书中的主标题看起来比副标题更重要,而主标题和副标题又明显比正文部分更显眼。所以我们在进行文字排版时,一般也可以遵循这个原则。

(2)间距:排版更易读

调整行间距和段间距,让用户更容易扫读文字。段间距控制好可以让用户更好地识别内容块,行间距控制好则可以让大脑更轻松地识别文字内容。

行间距没有固定的值,通常是根据字体大小来定义的。小程序是一个完全移动端的应用,移动端的展现有自身的规律,不同型号的手机有不同的展现效果。但是行间距有一个最基本的要求,就是让文字之间有自由呼吸的空间,不给阅读者造成压迫感。

一般而言,段间距等于或大于正文字体行高。文章的篇幅长短也非常重要,在做段间距排版的时候要给阅读者喘息和思考的机会,且使文章更有层次感和可读性。

此外,小程序的页面排版在突出重点或者图文混排的时候,还要重点划分重要信息区域,给予重要信息足够的展现空间,这有利于第一时间传达重要内容。

(3)对比:提高视觉性

对比是四项基本设计原理之一,在网页中对文字的排版也非常适用。可以将对比分为三类,即标题与正文的对比、强调文本对比,以及文字颜色与背景颜色的对比。

①标题与正文对比。

字体和字号的应用要看内容而定,字体字号的对比让文字内容富有层次感,很容易吸引读者眼球。

②强调文本对比。

一部分文字采用了与主要文字不同的样式,增加视觉效果,突出展示了段落的重点。换句话说,不要同时使用颜色、字体、字号、下划线等元素进行突出。对比的前提是区分主体。

③文字颜色与背景颜色对比

正文文本与背景合适的对比可以提高文字的清晰度,产生强烈的视觉效果。将文字内容清晰地衬托出来,既有丰满的层次感,同时又具有很强的视觉冲击力。

◎ 内容运营——内容传播的要点

要点一:用户一般喜欢分享富含情绪或情感的文章内容。

要点二:强关系对内容的"推荐"作用大。由朋友和亲人这样的强关系分享的内容,更能引起用户的再次分享传播行为;而由"不熟悉的人"这样的弱关系分享的内容,在引起用户再次分享传播该内容上,作用相对较低。

要点三:强关系更易传递情绪或情感,弱关系更易扩散专业类信息。

要点四:促使用户分享转发文章,有三大因素。研究发现,当微信用户看到朋友圈某篇文章并"觉得文章内容实用、有价值"时,他们转发该文章的意愿最强烈(60.2%)。所以,实用性是用户衡量一篇文章是否值得被转发的最重要因素。另外还有两个能刺激转发的因素,一是文章中所传递的情感或者情绪,二是认同文章的观念和态度。这两种场景下文章被转发的概率非常高。

要点五:情绪的极强传染性推动内容传播,内容传播又推动情绪的扩散。人类与生俱来具有"围观"的心态,不管是在线下还是线上,这也是为什么很多自媒体热衷于炒作热点。这些充斥着强烈的情绪比如愤怒、担忧、喜悦、慈悲等的信息被传播后会带来更多的情绪传递和表达,从而形成更大的热点效应。

◎内容运营——内容效果与评估

帕姆狄勒在《首席内容官》中,将内容价值定义为发挥组织性影响的内容使用,具体可分为3类:增长、前瞻、服务。

1. 增长

增长主要包括以下4点内容:
①获取客户及客户维系指标;
②每个内容订阅成本;
③内容吸引潜在顾客点击购买按钮,每次点击带来的销量及花费的成本;
④内容引导顾客拨打电话带来的销量及花费的成本。

2. 前瞻

前瞻主要包括以下4点内容:
①内容长度;
②标题a/b测试;
③格式选取;
④搜索引擎。

3. 服务

内容测量关注数据,需要注意以下3点:
①关注与内容直接相关的数据,比如UV/PV、点击率、互动数、转发数、人均访问页面、访问时长等,这些都是非常基础的数据,要有一定的概念和日常的监控。
②关注产品的数据,比如DAU、留存或整个栏目的UV、点击率。因为内容运营是为了服务产品,所以要通过数据寻找内容对产品的拉动。
③放到较长的时间段里看数据,这点是最关键的。内容运营对产品数据的拉动是个缓慢的过程,用户认知的培养是第一步,优质内容被发现和扩散需要

时间。虽然有时会有某篇爆款的文章出现,让产品数据暴涨,但这种情况通常只是短暂的,重要的还是看留存。

活动运营

◎什么是活动运营?

活动运营是通过开展独立、联合活动或线上、线下活动,来拉动小程序指标短期提升的运营工作模式。

小程序创新的核心是运营,运营的核心是花小钱办大事,只有在运营上下功夫,小程序才可能促进发展。

目前,市面上比较适合深度挖掘运营需求并满足实现的小程序开发平台,必须能一站式地满足商品承载、用户管理、付费转化、粉丝运营、数据分析五大核心需求。

小程序活动的运营,要分为两步走。

1. 制订可行的活动方案

小程序上线之后每个阶段要进行的活动都需要事先规划好,把时间、奖励、参与方式等内容都制订好,然后再根据计划行事。

首先,制订活动方案是最重要的。其次是确定活动的目的,即为什么做这个活动,通过活动最想获取到的是什么,想让什么样的人参加活动等,这些重点都要确定下来。

明确了目标,活动结束之后才能根据当初的目标来评估活动的成功与否,才能对下次的同类活动提供一个可借鉴的数据。例如,做一次促销活动,目的就是卖出商品,完成多少销售额,那么活动结束之后你需要重点确认销售业绩是否符合预期。如果做了一个转发奖励的活动,目的就是引流用户,那么活动结束之后只需要重点确认引流效果有没有达到预期,然后根据完成的百分比来评估活动中出现的问题和需要改善的地方,争取下次做得更好。

制订活动方案时,还有一个重点就是方案的可行性。不要盲目地定太高的要求或目标,要根据自己目前的情况,确定有一定挑战性的目标,然后根据这个目标来制订一个合理可行的方案。例如一个零售行业的新手,没有好的销售渠道,没有固定用户群,产品也并非热卖品,但想通过一个活动把产品的名气完全打出来,既要引来大量客户,又想带来大额收益,这种就是不符合实际、缺乏可行性的。

另外,对于活动方案,奖励的设置也是不可或缺的。合理的活动奖励设置非常重要,只有奖励足够吸引人,用户才更愿意参加活动。但是如果为了吸引更多人来参加活动而盲目地设置重奖,那么有时候会让自己处于一个做了活动还要倒贴钱的尴尬境地。所以合理的奖项设置真的不是随便说说这么简单。

关于设置奖项,我们有几点建议。

以增收为主要目的的活动,奖励的价值可以设置得高一些,奖励的种类可以设置为现金或平台货币等的货币奖励。设置的奖励价值最好不要超过本次活动最低预估收入的20%。请注意,这些钱必须是确保能通过活动赚到的,也就是说将从用户身上赚到的钱中的一部分当作奖励来发放,而不是增加成本。

以引流为主要目的的活动,奖励的价值不用太高,能吸引人进入小程序就好,奖励的种类可以设置为虚拟货币、小额现金、各种优惠券等,设置奖励的价值以获取用户的成本来预估,最好不要超过目标用户数实际获取成本的30%—50%。

也就是说,假如商家不通过小程序,在外部网络或线下做引流,获取每个用户都是有对应成本的,而在小程序内这些成本就会少很多。所以商家可以将节省下来的获客成本(原来肯定要花出去的成本)中的一部分拿出来当作活动的奖励发放给用户。举例说明一下,假如商家原来获取用户的成本是最低10元/人,这次活动目标是最低引来1万人,那么原获客成本就是10万元。像引流类的活动,其实花钱打广告的成分居多,一些费用的产生无法避免,所以如果原来要获取这些用户需要花费10万元,那么现在通过小程序做活动时,付出3万—5万元当作广告费才是合理的。

当然,不管奖励多少,都要与小程序的内容是相关的。如果发放的是实物奖励,那么最好是小程序内正在出售的商品,并且一定不要忘了在上面印上小程序的二维码(或者在一张纸质的实物优惠券上印上小程序码一同发送也可以)。

如果发放的是虚拟奖励,那么最好是能在小程序商城内使用的虚拟货币,而且这些虚拟货币的使用,肯定要设置一些条件,例如消费多少时才能抵消一部分或者以"1元+对应的虚拟货币"的形式换购等。总之,最好是能委婉地促进用户消费。

2. 严格执行活动方案。

既然方案已经确定了下来,那么接下来要做的就是严格按照方案去执行活动。在执行活动的时候大部分情况下应按照如下的步骤进行。

(1)发布活动公告

发布活动公告就是告知小程序的用户有关活动的消息,如从什么时候开始进行什么样的活动,怎么参与,奖励是什么,等等。

发布公告的主要目的是要提前告诉小程序用户们即将进行的活动,让他们看到之后对活动有一定的印象和期待,这样可以提升活动的参与度和活动期间的用户活跃度。

公告一般在活动开始之前的1—2周对外发布较好,有些时候需要提前预热很久,也可以提前1个月甚至更早之前告知用户。但切记不要太早发布公告,让人们在漫长的等待中渐渐失去兴趣并遗忘活动的存在,也不要在活动即将开启之前突然告诉用户,这样容易造成参加人数较少等问题。

另外,活动公告的内容一定是要经过反复敲打、最终确定下来的活动内容,不能是不确定的消息。

建议是采用文字配图片公告、首页轮播图展示、启动弹窗公告等方式来发布公告,让用户可以多渠道地接触和了解活动内容,以此来提高活动的参与度。

(2)活动数据监控

在活动进行的过程中,一定不要忘了时不时地确认一下后台数据。通常一款应用的运营数据在形成一个稳定的循环状态之后,除非发生外力干扰或特殊状况(例如:版本大更新、新品上线、服务器大面积异常等)的情况,一般都不会有太大的浮动,会呈现一种缓慢增长、缓慢降低或保持一个平稳数值的状态。

　　所以既然做了活动,那肯定要对活动期间的数据变化密切关注,要通过数据的变化来判断出活动的成效或问题,及时找出应对策略并加以改正。如果一个活动策划并上线之后,数据呈现一种下滑的态势,甚至不如平常的最低平均值,那么说明这次活动是失败的。反之则可以说是成功的,起码是有效果的。

　　如果活动上线之后,数据没有产生任何的变化(不管是正面还是负面),那么要么是活动的类型不适合这个行业,要么是活动的公告没有说清楚,要么是后台数据统计功能出了问题。

　　很多时候运营都是用数据来说话的,哪些数据的变化可以从某些方面直观地说明产品或平台出现的问题,所以不管是平时还是活动期间,肯定要注重对数据的观察。对于运营者来说,后台的数据应该是指引商家走向成功的最好依据,而不应该是枯燥乏味的数字。

　　所以,学会观察和分析数据是小程序运营的重要一部分。数据监控也是活动期间要做的主要工作。

　　(3)活动结果确认及奖励发放

　　活动结束之后,要根据数据统计报告来确认活动结果并发放对应的活动奖励。前面也提到过,要根据当初设定好的活动目标来判断活动的成功与否,然后最好是能够写一份活动总结报告。这个报告可以帮助商家了解这次活动的不足,也可以让其在下次活动中做得更好。

　　对于奖励核算部分,大部分活动都是有偿活动,就是说用户来参与活动肯定是要给他们一些甜头的。当初公示的奖励标准和内容,在活动结束之后肯定要严格遵守,不能拖欠用户的活动奖励。这些奖励既是对用户参与这次活动的一种感谢,也是让他们下次继续参加活动的引子。

◎ 小程序的活动方式

　　盘点目前小程序的活动方式,主要有以下几种。

1. 预约到店

　　商家后台设置预约活动,用户线上登记报名,预约时间和门店,即可到线下体验或消费,在提高消费者体验的同时,带动店铺营收的提升。商家或门店发布预约,邀请客户到店,将线上流量引到门店,助力商家提高运营效率,提升用户体验,促进用户消费。

以劲霸男装为例。劲霸男装在其小程序"劲霸男装云店"上发布到店新款试穿活动,邀请客户到店试穿,还针对SVIP用户提供专属上门配装服务,为客户提供体验服务,促进消费(见图7-11)。

图7-11 "劲霸男装云店"到店试穿活动界面

2. 拼团

拼团活动可以在为小程序商城做曝光的同时,为新品做预热,提高关注度;价格差异可以刺激用户掏腰包购买、组团裂变,为商户带来新流量。

以森宿女装为例。文艺女装品牌森宿为配合夏季新品上架,在小程序商城上开启了"一式两份,cp值嗖嗖暴涨"的2人拼团和"病毒式种草收获多倍快乐"的3人拼团活动。

2人拼团活动中上架了5件商品,价格从79—249元不等;3人拼团活动中则上架了10件商品,价格从49—119元不等。两个拼团活动在为森宿带来新流量的同时,也带动了商品销量,提高了收益(见图7-12)。

图7-12　森宿女装的拼团活动

3. 砍价

小程序砍价指通过分享,邀请好友帮忙砍价,即可享受优惠的促销方式,通过利益刺激用户分享传播。而对于被分享的好友而言,这是一种低成本的举手之劳。

通过参与者的分享,实现快速传播,在增加粉丝的同时,提升店铺销量与品牌知名度。

以江苏宿迁的知名生鲜品牌"天扬鲜果"为例。其通过砍价,以1元成交价购买28元的橙子,实现线上曝光5.2万次,吸粉1.2万人的经营效果(见图7-13)。

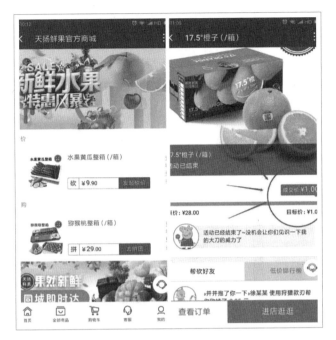

图 7-13　"天扬鲜果"的砍价活动

4. 荐客有礼

荐客有礼活动是粉丝推荐会员或小程序的访问量达到一定数量时,即可获得积分、余额、优惠券等奖励,通过新老顾客推荐拉新,奖励条件可分为最高层奖励、阶梯奖励、单条件奖励。

荐客有礼活动可帮助商户不断裂变拓客,增加粉丝、会员数量,提升销量与品牌知名度。

5. 任务卡

任务卡允许商户自定义发布任务,用户上传截图,商户审核通过后系统发放奖励,支持多种奖品类型(实物、优惠券、积分、余额),适用于朋友圈集赞、到店打卡、晒单有礼等多种营销场景。

用户完成任务后可邀请好友参加或发送分享海报至朋友圈,使活动传播更迅速,为商户实现品牌宣传(见图 7-14)。

图 7-14　任务卡活动

6. 开屏推广

开屏推广是一款定向曝光推广工具,可以达到让特定人群进入商城特定页面后,第一时间看到弹窗广告内容(图片或优惠券)的效果,适合商户用作新品上市、会员活动、促销季等信息推广。

推广内容可以对指定人群(会员、标签、客户身份)推送,做到精准锁客;开屏强制展现,效果醒目,提升了打开率。

商家可以通过活动吸引一批新会员,设置一张内容为无门槛百元优惠券限时抢的开屏广告图,针对所有人群推送;配置链接将进店的客户引导至开卡页面,结合开卡有礼活动,达到快速拉取新会员的目的。以"沃尔玛到家"小程序为例,其开屏推广内容(见图7-15)。

图 7-15　"沃尔玛到家"小程序的开屏推广

7. 直播

小程序直播更适合随时随地观看购买的场景。商户可以通过手机跟粉丝直播互动,进行品牌宣传、产品售卖、客户关系维护等,为商户打开视频营销的流量入口。

用户可在小程序上预约直播,在直播过程中商家可推送商品,用户可点击购物袋直接查看并购买,实现"实时互动、边看边买"。

同时,用户还可以对直播进行评论,主播也可根据评论实时互动,如在直播间发放礼盒等,从而增加用户与商户之间的亲近感。

如"劲霸男装云店"开通了直播预约功能,在2019年3月的"劲霸大秀"上,还通过"劲霸男装云店"小程序进行全程直播,8件漫威系列惊奇队长限量预售款商品在直播期间实现"边看边买"(见图7-16)。

图 7-16　"劲霸男装云店"直播

8. 优惠券和特权价

优惠券又可分为代金券、折扣券、兑换券等不同形式,通过优惠券的刺激提升店铺的销量和转化,带动商品销量,同时增加复购率。

商家往往会通过很多形式来发放优惠券。

满减:如商家需要清库存,则可以设置比如"全场满30元减10元,同时送2张优惠券"(1张是10元全场通用优惠券,1张是指定商品可用的20元优惠券)的满减送活动。

专属码+品宣物流推广:品牌的物料是优惠券二维码最好的宣传途径,发货单、售后维权提示单、主推活动宣传DM页都加上优惠券二维码,也可以引导关注微信公众号后领取优惠券。

特权价:商户可通过此活动投放某一个优惠商品或某一些优惠商品组合,并将特价商品链接分享至某一类人群,如社群、门店客流等。粉丝只能通过二维码或商家链接才能访问和购买特价商品,从而实现客群精准营销,提高粉丝特权感,增加品牌黏性,提高商品销量与复购率。特权价的制订也需要有一定的契机。

节日促销:如某水果店的"三八妇女节"活动,为女粉丝设置特价活动水果组合。

新品传播+粉丝专享:如将特权价新品发布到粉丝社群,优先让粉丝体验,有利于粉丝维护,提升粉丝活跃度,也实现了新品的第一层传播裂变。

9. 限量抢购&限时折扣

限量抢购可以刺激消费,让商家销量上涨,从而营造出紧张氛围,促进用户消费,提高当天的营收。

以百草味为例。全国休闲食品巨头企业百草味在小程序商城提前限量发布"双11"满减券,每天限量发布满199减100元的全场通用券,优惠券只能在"双11"当天使用(见图7-17)。

图7-17　百草味限量抢购

限时折扣则是通过设定高优惠的限时折扣活动来吸引粉丝进行快速转化，实现新品推广、清库存等目的。

限时限量抢购，造成活动的紧张氛围，刺激顾客购买，提高门店的访问量及销售量，拉动销量。

10. 好物圈

好物圈被誉为"微信生态中的小红书"，旨在通过用户点赞、推荐、好评等帮助商家获取新流量。用户可以直接将好物分享给好友、微信群，实现圈内好物在圈外的裂变传播。

以"妖精的口袋"为例。"妖精的口袋"在小程序中率先接入好物圈，以引导用户加购好物圈送好礼的方式，增加服装的点击和曝光率，获取新的流量（见图7-18）。

图 7-18　好物圈

11. 社区团购

商家在小区或便利店招募团长，团长在群里推广团购产品，用户通过小程序下单,在裂变用户的同时拉动了商品的销量。

利用熟人关系降低商家获客成本;预售模式降低损耗;消费者可选择物流配送和社区门店自提,在提高用户体验的同时减少配送成本。此类运营模式轻,易于规模化复制。

福州生鲜零售平台"田家优鲜",其线下门店店主和团长组建了特价团购群,大推社群拼团活动。通过线上拼团活动,引导客户去线下最近门店自提,提高了门店的进客量,带动了门店的日常销售。

12. 分销

分销是一款店铺利用客户推广带来流量与销量的营销工具。商户可吸引用户注册,利用现金、积分、储值余额的奖励方式刺激粉丝进行推广,提高店铺转化率。

在快速裂变获客的同时,佣金模式还可增强用户传播动力的持久性。

如果园种植企业"木欣欣水果公社"为推广其果园认购模式,开启了分销活动,分销员分享专属海报给微信好友、朋友圈,对方扫码关注公众号后即可成为分销客户。

"木欣欣水果公社"的佣金模式激发了分销商的积极性,而零门槛则扩大了品牌推广覆盖面。

13. 礼品卡

用户在微商城购买礼品卡后,可以将礼品卡赠送给微信好友,也可以自己兑换使用,主要适用于美妆、珠宝、服饰、箱包、玩具、母婴、数码产品等,以此扩大品牌知名度。

14. 签到有礼

签到功能的核心规则在于连续签到时间越长,可获取的收益越大,若中途中断签到,则连续天数归零重新计算,以此实现用户与商家的持续互动。签到享好礼,在提升客户活跃度的同时,提高了消费复购率(见图7-19)。

图 7-19　签到有礼

数据运营

在大数据时代下，数据分析对于产品的发展及行业未来来说已经无可替代，数据成为产品发展的主要支撑。

数据运营的主要职责就是数据分析。数据分析就是从庞大的、杂乱无章的数据中分析有价值的数据规律及产品问题，从而帮助商家决策与优化。

◎ 规划是数据运营的基础

找到合适的方法收集数据是第一步，明确需求和目的非常重要。数据规划有两个前提，指标和纬度。

运营是一个包含了诸多琐碎事项的工作，运营人员要会拆分自己的工作项，并根据不同工作项目的特点有针对地对特定的运营数据进行分析，这样才能事半功倍。通常而言按照用户等级划分可以把用户分为普通用户、活跃用户和付费用户,运营人员需要针对不同的用户人群进行工作拆分。

◎ 确定指标

针对不同的工作项目有不同的指标,不同指标反馈的指数可以指导运营的每一个环节。拆分的维度可以按照数据的结构,也可以按照每个工作项的子项来进行拆分。

以内容运营为例,内容运营包含了打开率、阅读量、转发量、二次传播量等,而单就转发量而言,关键的指标又有转发次数、转发频次、转发渠道等子项目工作。

◎ 进行目标的细化分析

目标的细化分析是指根据运营目标,确定能够进行优化的数据参考,这是数据提取分析的基础。

举个例子,一场活动策划实施完成后,该如何通过数据评估这次活动的好坏?哪些维度是评判标准?只要明确活动推广的渠道、渠道的路径、每个渠道的参与人数、转化率等这些需要分析的目标单体,就知道如何提取数据了。

◎ 提取和处理数据

数据提取是基础工作,初次提取的数据质量良莠不齐,有一些是没有价值的数据,有一些是关键考核数据(见图7-20)。

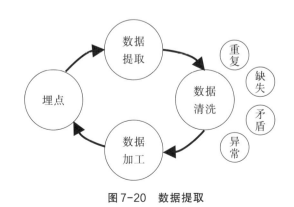

图7-20　数据提取

提取的数据需要经过处理,才能进入数据分析阶段。这样才能事半功倍,把数据的价值发挥到最大化。

处理数据首先要对数据里的重复项、缺失项、矛盾项进行处理。去重的方法最简单,对缺失的数据常用的处理方法是用数据平均值进行填补。矛盾项是错误项,需要及时进行删除。

数据的监控波峰和波谷非常重要,这往往是分析数据中最重要的部分,一般来说这两个数值是优化推广运营的关键点。

提取和处理过的数据要进行二次加工,加工过的数据才能进行深度分析。

◎ **数据分析总结**

常见的数据分析方法有对比分析法、结构分析法、平均分析法、权重分析法、杜邦分析法等(见图7-21)。

图 7-21　数据分析方法

1. 对比分析法

按照小程序运营的不同维度进行对比,寻找数据变化背后的规律或启示。

对比的维度包含与预期设定目标进行对比、不同时间段的数据对比、与竞品进行对比、与运营前的效果进行对比、不同用户使用场景的对比等。

那么我们一起来看看下面这个例子。

图7-22是某款小程序的数据分析图,用对比法可以分析出,数据较大的值一般出现7天一个周期的规律,一般周末达到数值高峰,横向从月份分析,数据开始呈爆发性增长是7月以后。由该图可以分析出,这款小程序的使用人群多为学生,因为峰值和峰谷很切合学生的作息时间。所以这款小程序的用户画像就非常清晰了。

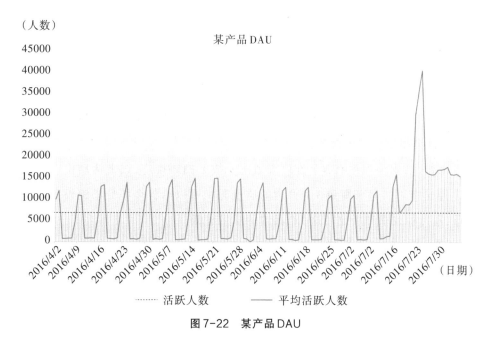

图7-22 某产品DAU

2. 结构分析法

结构分析是指被分析整体内的个体与整体的关系,比如某一个电商小程序中的某一款产品销量与整体销量之间的对比。结构分析常用结构相对指标的计算方式(个体占整体的百分比)来表示。所谓爆品就是用这种计算方式计算的,这个数值越大表示个体在整体中所占的权重越大,对整体的影响也越大。

3. 平均分析法

在一定的条件下,某个数值和指标的平均水平,通常被用来衡量业务的健康程度。

比如,某个电商小程序有3款商品,想了解3款产品中哪款对小程序的应收贡献最大,可以通过统计这3款商品的平均销售额来计算。那么,是否平均值越高的贡献越大呢?不一定,还要分析商品的消费频次、单价、利润等,从而综合评估出某款商品的贡献度和价值。

互联网产品往往玩的都是"羊毛出在狗身上"的营销游戏。平均分析法也要注重分析的前提。

4. 权重分析法

权重分析法是指将多个数据指标转化为一个能够反映综合情况的指标来进行分析评价。具体的做法是确定各个指标的权重,然后对处理后的指标进行汇总后计算出综合评价指数。

比如,某款小程序有3个推广渠道——线下扫码推广、线上活动推广和付费广告推广。如何来衡量3个渠道的质量呢?可以给各个细分渠道设置某个权重,通过加权求和后比较这3个渠道的质量高低。

5. 杜邦分析法

杜邦分析法是由美国杜邦公司创造并最先采用的一种综合分析方法,其利用各个指标间的内在联系,可以对自己的运营状况及效益进行综合分析评价。

如图7-23所示,假设产品更新后收入却降低了,这时,如果想要分析问题出在什么地方,需要做出哪些调整,就可以将收入拆分——收入=付费人数×每用户平均收入(Average Revenue Per User,ARPU)。接下来对付费人数进行拆分——付费人数=活跃人数×付费渗透率。据观察,付费渗透率几乎没有变化,而活跃人数下降了,那么需要进一步细分活跃人数——活跃人数=新用户中的活跃用户+老用户中的活跃用户。倘若老用户中的活跃人数上升了,而新用户的活跃人数下降了,可以再进一步将其拆分。然后根据公式新用户=推广覆盖人数×转化率,在转化率基本不变的情况下,将推广渠道细分。根据数据可知,渠道一下降了而渠道二上升了。由此,不断进一步拆分,直到指标不能再细分后,针对细分后的指标分析其中哪些因素对最终的收入影响较大,产生变化的原因是什么,是否可以通过人为调整方案进行改善,等等。

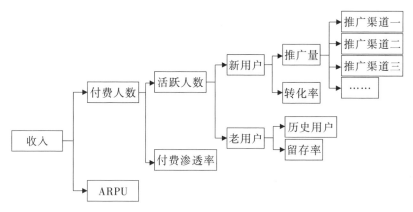

图7-23 杜邦分析法

◎ **如何对数据进行总结**

分析数据最终要形成结论。一般总结的内容要依据数据说明问题出现在哪里,哪些环节可以进行优化、改进。

PPT或者数据图标是展示数据结论的工具。一般而言,一个PPT能涵盖所有数据情况,一张图片涵盖某一个观点,并合理利用数据进行观点佐证。

08

第八章　部署

CHAPTER 8　DEPLOYMENT

08

08

私有化部署

开发一个小程序系统,通常有3种模式可以尝试:

①采购标准化软件产品;

②自己IT人员开发或外包开发;

③项目制外包开发。

然而这三种模式都没能较好地满足企业需求,主要存在以下几处问题:

第一,标准化软件难以满足定制化需求;

第二,自己开发或外包开发,成本高,周期长,且自己开发涉及招人等成本问题,外包开发涉及质量不达标、需求不匹配等扯皮问题;

第三,企业需要快速响应内外部变化,包括市场环境和业务优化创新等,需要软件系统快速迭代响应,传统的3种模式难以满足。

从本质来说,软件开发迭代有4个核心目标:时间快、质量高、成本低、灵活变。

◎什么是私有化部署

首先我们要普及一个概念,什么是SaaS服务。

SaaS提供商为企业搭建信息化所需要的所有网络基础设施及软件、硬件运作平台,并负责所有前期的实施、后期的维护等一系列服务,企业无须购买软硬件、建设机房、招聘IT人员即可通过互联网使用信息系统。就像打开自来水龙头就能用水一样,企业根据实际需要,向SaaS提供商租赁软件服务。

SaaS的意思是软件即服务。就是原来把软件卖给客户,现在不卖软件了,而是卖服务。为什么要这么做呢?这里面有两层含义。

第一层:原来将软件卖给客户,客户要自己出钱部署,买服务器存储,搭建网络环境,还要用运维的人员。现在这些都不用了,硬件由供应商自己出,放在公有云上,以服务的方式租给客户,所以叫"卖服务"。

第二层:软件给到用户,本来就要叠加很多服务,如咨询顾问、使用帮助、客户培训、运维等。要想软件使用得好,必须越来越强调服务的作用。

如果是卖软件,按照中国的税法,要交16%的增值税(不包括退税),如果是卖服务,则只要交6%的增值税。所以,这两者有着非常显著的区分。

类似的场景还有很多,比如花50元办一张图书馆的借书证,不用买书,而是每次去借3本,这叫"图书as a service"。原来自己买青椒,买土豆,现在到餐厅去点一个菜青椒土豆丝,这叫"蔬菜as a service"。

如果,软件是部署在公有云上,那么能不能直接把软件卖给客户,而不是租给客户呢?答案是不可以。因为虽然可以把软件的使用权卖给客户,但在这个过程中显然需要软件开发者长期提供服务,所以从收入的角度来说,必须缴纳6%的服务类增值税。

那么,如果把软件作为合同金额的60%,把服务作为合同金额的40%卖给客户,这样是否可以呢?答案是可以的。当然,软件开发商40%的服务部分最好要能覆盖其所提供服务的成本,不然会出现税务上的麻烦。

如果直接把软件卖给客户,能不能限定客户的使用时间,比如仅限3年内使用呢?答案是可以的。双方约定交易货物的使用规则,是完全合法的。

如果是私有化(本地)部署,能不能把软件租给客户呢? 答案也是可以的!

回到最前面的第二层含义,软件本身就要有很多服务要提供,把软件产品服务化一点问题都没有。如果非要纠结部署方式,那么Office365仍然要在客户自己的电脑上装上软件,仍然是租用的方式。

相较于SaaS公有云产品,私有化部署有以下特点:

①软件安装运行在企业本地服务器上;

②企业自主掌控所有数据和权限;

③可实现内外网隔离,安全性更高;

④个性化强,企业可按需定制功能;

⑤扩展性高,企业能自行二次开发。

那么,什么样的企业适合私有化部署呢? 我们总结如下:

①对数据安全有严格要求的企业;

②需要对接本身已有系统/应用的企业;

③需要开发专属功能的企业;

④拥有自主服务器和技术人员的企业。

总的来说,私有化部署有以下特点:

①灵活的部署方式;

②高可用性能架构;

③已有系统融合;

④五重安全保障;

⑤专业售后服务器。

◎ **小程序私有化部署的优势**

小程序私有化部署有哪些优势?

1. 费用

只需一次投入,但不包含每年的服务器费用,如果是自家的服务器还有宽带、电费等费用,需要选择机房托管还有托管费用,所以推荐腾讯云等云服务器。但租赁方式每年仍然需要缴纳费用,综合下来划算不划算,可以套一套房产的租售比算法。

另外,小程序支付功能需要开通商户,商户需要企业资质。很多服务商为了减免这些审核麻烦,直接统一采用小程序官方提供的企业支付功能。简单点说,客户在小程序上买了一双鞋,支付后钱先到服务商的账号,之后企业才可以通过后台提现。这个时候服务商要感谢企业为其提供资金流水,同时,如果服务商设置一个T+1之类的提现规则,企业还可以帮服务商减轻资金压力。

2. 品牌

品牌和平台之间存在着先天的依附关系,其中"租"类似于淘宝电商或京东电商等,客户永远只记得"淘宝上的某某商家"。所以,品牌永远有一半是属于平台的。而私有化部署有企业独立发展品牌的优势,即如果企业的小程序做得非常好,而且有一定的市值了,资本有可能对其产生兴趣。如果没有自己的平台基本上人家也会打退堂鼓。

3. 功能

功能的定义很广,比如企业有一套自己独有的推广方法,需要规划自己的推广策略。这个时候肯定需要功能的支撑,企业确保能够说服服务商为其提供专用功能。

4. 战略

如果企业要布局全国市场,实现宏大的战略纵深布局。这里就不得不提技术问题了,服务器有区域问题,别说在国外布局了,估计国内都会比较困难。比如小程序服务商实力与业务范围只在华南,但企业发展到了西北。不管是从带宽角度,还是地域访问的角度,都不一定能够满足小程序加载数据。

5. 数据

私有化部署意味着所有交易的数据完全归自己所有。当数据积累到一定程度时,也能更快地获得资本的青睐。而且私有化部署也更能保证企业核心数据的安全,不被泄露。但平台不是自己的,那资本青睐的眼光自然会转移到商家所租的小程序的服务商,没有数据库,企业只能看到服务商允许看的数据。

6. 系统

资源文件、数据库、小程序源码、后台等都在自己独立的服务器上,不仅可以满足战略、品牌、数据等布局,同时可以持续挖掘大数据(见表8-1)。

做企业的核心,是要形成自己的核心竞争力,私有化部署能满足创业者的需求。拥有自己的小程序,就如同企业筑造了自己企业的"高墙",别人无法企及,企业才能得到更远、更长期的发展。

表8-1　系统的特点

传统代理的痛点	类别	独立部署的好处
需要缴纳代理费	费用	可以招募代理,获取代理费
使用别人的品牌	品牌	借助他人资源扩张自己的品牌
商户签约到总部后台,与自己无关	商户	商户签约到自己的后台,包括代理商的商户
有区域限制或者采用充值模式	区域	从容布局全国市场,有战略纵深
拿不到商户数据,为别人收集数据	数据	大数据积累,数据价值化
只有登录账号,没有自己的独立服务器	系统	独立服务器,私有化部署系统